AF367807

OBSERVATIONS

FAITES DANS LES

STATIONS ASTRONOMIQUES SUISSES

PAR

E. PLANTAMOUR

I. RIGHI-KULM.
II. WEISSENSTEIN.
III. OBSERVATOIRE DE BERNE.

GENÈVE, BALE, LYON

H. GEORG, LIBRAIRE-ÉDITEUR

1873

GENÈVE. — IMPRIMERIE RAMBOZ ET SCHUCHARDT.

OBSERVATIONS

FAITES DANS LES

STATIONS ASTRONOMIQUES SUISSES

Introduction.

Les stations auxquelles se rapportent les observations contenues dans ce mémoire sont : le Righi-Kulm, le Weissenstein et l'Observatoire de Berne. Pour toutes ces stations, les observations relatives à la détermination de la différence de longitude ont été déjà publiées, savoir pour le Righi-Kulm dans le mémoire « Détermination télégraphique de la différence de longitude entre la station astronomique du Righi-Kulm et les Observatoires de Zurich et de Neuchâtel, » qui a paru en 1871, et pour le Weissenstein et l'Observatoire de Berne, dans un second mémoire qui a paru l'année suivante, « Détermination télégraphique de la différence de longitude entre des stations suisses. » Il reste ainsi à publier les observations qui se rapportent à la détermination de la latitude, de l'azimut astronomique de signaux géodésiques et de l'intensité de la pesanteur; c'est ce qui fait le sujet du présent mémoire. Je remarque encore que les observations du pendule faites au Righi-Kulm ont déjà paru dans le mémoire « Nouvelles expériences faites avec le pendule à réversion,

1872; » je n'ai donc pas à revenir sur la détermination de la pesanteur dans cette station.

Les raisons pour lesquelles il m'avait été impossible de faire des déterminations de l'azimut de signaux géodésiques, à l'aide du théodolithe astronomique installé dans la coupole de l'Observatoire de Berne, ont été indiquées dans le temps; j'ai dû, pour cette station, me borner à déterminer l'azimut de la tige du paratonnerre de l'hôtel du Gurten, qui m'avait servi de mire dans les observations faites avec le cercle méridien. Les observations relatives à la détermination de l'azimut de cette mire sont publiées dans le second des mémoires mentionnés ci-dessus.

On trouve dans ces mémoires un exposé historique des opérations exécutées dans les années 1867, 1868, 1869, ainsi que tous les détails relatifs à l'organisation de la station, à l'installation et à la description des instruments; je peux ainsi me référer à ces publications antérieures et éviter une répétition inutile, en me bornant à ajouter les explications nécessaires pour chaque point en particulier. Pour chacune des stations, je donne, dans des chapitres distincts, les observations qui se rapportent à chaque donnée, et je résume, dans un chapitre final, toutes les données qui se rapportent à cette station, soit celles qui ont déjà été publiées dans les mémoires mentionnés, soit celles qui font l'objet des chapitres précédents.

I. STATION ASTRONOMIQUE DU RIGHI-KULM

CHAPITRE I

Détermination de la latitude.

La latitude de l'observatoire temporaire du Righi-Kulm a été obtenue à l'aide de l'instrument universel d'Ertel, par deux procédés différents : par les distances zénithales d'étoiles observées dans le voisinage du méridien, et par les passages d'étoiles dans le premier vertical. Cette dernière méthode n'a pu être malheureusement appliquée qu'à une seule étoile, α Aurigæ, parce que le seul instrument que j'eusse à ma disposition, le grand théodolithe d'Ertel, devait également servir à la détermination de l'heure pour la différence de longitude avec les observatoires de Zurich et de Neuchâtel. L'instrument devait ainsi rester fixé dans le méridien, et cela jusqu'à une heure assez avancée de la nuit, tant que nous n'aurions pas réuni un nombre suffisant de jours pour la détermination de la longitude ; il ne pouvait donc pas être ajusté dans le premier vertical dans le courant de la soirée. Après avoir terminé le 31 juillet les observations relatives à la longitude, je prolongeai mon séjour au Righi encore pendant plusieurs jours, principalement dans le but d'observer quelques passages d'étoiles dans le premier vertical ; mais les circonstances atmosphériques, si peu favorables jusqu'au 31 juillet, furent encore plus défavorables au commencement d'août. Je réussis dans une

1

ou deux soirées à observer à travers les nuages quelques fils du passage oriental d'une étoile, mais sans pouvoir observer le passage occidental, le ciel se couvrant dans l'intervalle, en sorte que je renonçai à attendre une amélioration du temps. L'étoile α Aurigæ était la seule visible de jour, et dont la déclinaison se prêtait à l'application de la méthode.

Le nombre des étoiles, dont on a pu observer les distances zénithales, a été également très-restreint par la condition que ces observations devaient se faire de jour, avec une lunette d'un pouvoir optique très-faible, le diamètre de l'objectif étant de 40^{mm} seulement. Indépendamment du motif déjà cité, qui exigeait l'ajustement de l'instrument dans le méridien pendant toute la soirée, l'observation des distances zénithales devait se faire de jour seulement, pour une autre cause, savoir la difficulté d'obtenir par une lumière artificielle un éclairage convenable des divisions du cercle et des microscopes. Les 6 étoiles dont les distances zénithales ont été observées, sont β et α Orionis, α Leonis, α Tauri, α Ursæ majoris et α Ursæ minoris I. Comme la description de l'instrument d'Ertel a déjà été faite dans la « Détermination télégraphique de la différence de longitude entre le Righi-Kulm et les observatoires de Zurich et de Neuchâtel, page 16 et suivantes, » je me bornerai à donner dans les paragraphes suivants les résultats obtenus pour la latitude par l'emplois de deux méthodes, et leur combinaison pour obtenir la valeur définitive.

§ 1.

Détermination de la latitude par l'observation des distances zénithales.

L'instant auquel l'étoile était amenée entre les fils horizontaux était donné par un chronomètre de poche réglé sur le temps sidéral, et qui était comparé avec le chronomètre à enregistrement électrique au com-

mencement et à la fin de chaque série. Par la correction ainsi déterminée on obtenait l'angle horaire t pour chaque observation. L'intervalle
entre les fils horizontaux est de **28″,2**, quantité considérable sans doute,
mais qui est en rapport avec le grossissement de 47 fois de la lunette.

La lecture du cercle s'effectue à l'aide de deux microscopes placés à
l'extrémité du diamètre horizontal; à chaque lecture les deux fils paral-
lèles mobiles étaient amenés successivement, à l'aide de la vis micrométrique, sur les deux traits entre lesquels se trouvait le centre du rateau,
de manière à donner une valeur de l'intervalle entre deux traits consécutifs mesuré en parties de la vis. Cette opération répétée plusieurs fois
sur l'intervalle entre les deux mêmes traits, et sur un grand nombre de
traits différents dans les différentes parties du cercle, a donné en moyenne
pour le microscope gauche 4^t 54^p,96, et pour le microscope droit 4^t
59^p,72, pour le nombre de tours et de parties correspondant à un intervalle entre deux traits du cercle divisé de cinq en cinq minutes. De ces
chiffres on pouvait déduire la valeur en arc d'une partie et d'un tour
pour chacun des microscopes, et réduire en minutes et secondes la lecture donnée en parties de la vis micrométrique. Mais la comparaison de
l'intervalle entre les différents traits a montré des différences dépassant
notablement l'erreur pouvant être attribuée au pointer, ainsi que cela
résulte de l'accord entre les différentes mesures de l'intervalle entre les
deux mêmes traits. Ces différences ne peuvent ainsi tenir qu'à des erreurs accidentelles dans le tracé de la division, par suite desquelles l'intervalle entre un certain nombre de traits consécutifs est tantôt un peu
trop grand, tantôt un peu trop petit. L'erreur produite par ces déviations
accidentelles dans le tracé des divisions est, il est vrai, un peu diminuée
par le fait que pour chaque microscope la lecture est effectuée relativement au trait supérieur et au trait inférieur, mais elle peut être considérablement réduite encore par la détermination de l'intervalle entre un
certain nombre de traits consécutifs. On peut obtenir ainsi une détermination approximative de l'erreur accidentelle de division pour chacun
des traits, ou, en d'autres termes, rattacher chaque lecture du cercle

faite avec l'un des microscopes, non pas à deux traits seulement, mais à plusieurs des traits voisins. Il va sans dire qu'il n'est pas question ici des erreurs périodiques du cercle, qui affectent de la même quantité, à peu près, un certain nombre de traits consécutifs, et que je n'avais pas les moyens de déterminer, mais seulement des erreurs purement accidentelles pour lesquelles on peut supposer qu'il y a une compensation, approximative du moins, entre un certain nombre de divisions consécutives. En partant de ce principe, si l'on désigne par x, y, z, u, v etc. les corrections à apporter à un certain nombre de traits consécutifs, on connaît les différences $y-x=a; z-y=b; u-z=c; v-u=d$, etc., qui sont données par la différence entre la valeur moyenne de l'intervalle entre deux traits, et l'intervalle mesuré entre les deux traits correspondants, on aura une équation de plus fournie par la condition

$$x^2 + y^2 + z^2 + u^2 + v^2 + \text{etc.} = \text{minimum},$$

ou
$$x + y + z + u + v = 0.$$

On obtient ainsi un nombre d'équations égal à celui des inconnues, ce qui permet de les déterminer. J'ai fait des séries spéciales de mesures de l'intervalle entre des traits voisins, lorsque celles faites pour l'observation des distances zénithales ne suffisaient pas, et de manière à obtenir dans presque tous les cas l'intervalle entre quatre ou cinq traits consécutifs. Si l'on prend la moyenne arithmétique de la valeur numérique, abstraction faite du signe, de la correction ainsi obtenue pour 82 traits, on trouve $1'',5$, mais avec des inégalités très-grandes d'une division à l'autre; tandis qu'elle s'élève à plusieurs secondes pour quelques-uns des traits, elle est d'une fraction de seconde seulement pour d'autres. En tenant compte de ces corrections, on arrive à un accord satisfaisant, eu égard à la dimension de l'instrument, dans la lecture du cercle, suivant qu'elle est rapportée au trait supérieur, ou au trait inférieur; car on trouve par la somme des carrés $\pm 0'',96$ pour l'erreur moyenne de pointer sur un trait, et par suite $\pm 0'',48$ pour l'erreur moyenne d'une lecture faite aux deux microscopes.

Tous les détails relatifs à l'observation des distances zénithales sont donnés dans les tableaux suivants, au sujet desquels il est à noter : la lecture du baromètre indiquée à chaque série est réduite à 0, et corrigée de la différence de niveau entre les deux instruments, le baromètre étant à 13^{mm} environ au-dessous du théodolite. Le signe ⊥ de la lecture du niveau s'applique toujours à l'élévation de l'extrémité sud de la bulle au-dessus de l'extrémité nord, soit à une inclinaison de l'axe vertical au nord du zénith. La transformation des parties du niveau en secondes a été effectuée avec la valeur de $3'',427$, que M. le professeur Hirsch avait obtenue, au cercle méridien de Neuchâtel, au printemps de 1867 ; comme les déterminations de la valeur d'une partie de ce niveau, faites dans les années suivantes, ont mis en évidence un accroissement progressif dans cette valeur, il était préférable d'adopter pour la réduction des observations du Righi une valeur obtenue à la même époque à peu près. La réfraction a été calculée à l'aide des tables de Bessel, et la réduction au méridien par la formule

$$\sin \frac{z - Z}{2} = \frac{\cos \varphi \cos \delta \sin^2 \tfrac{1}{2} t}{\sin\left(\dfrac{z + Z}{2}\right)}$$

De la moyenne des lectures faites dans les deux positions de l'instrument, on déduisait le lieu du zénith sur le cercle, et par suite la distance zénithale correspondant à chaque observation. Enfin les déclinaisons apparentes des étoiles ont été calculées d'après le catalogue présenté par M. le professeur Bruhns à la conférence géodésique internationale, lors de sa réunion à Vienne au mois de septembre 1871.

Observations de distances zénithales faites au Righi-Kulm, en 1867.

Angle horaire t.	Position Cercle.	Barom. à 0°.	Thermom. extér.	LECTURE DU CERCLE. M G	M D	Moy.	Niveau.	Correct. niveau.	Correct. réfract.	Réduction au méridien.	Lecture corrigée.	Distance zénithale.
m s		mm	°	° ′ ″	″	″	p	″	″	′ ″	° ′ ″	° ′ ″
21 juillet α Leonis.												
−15 54,4	Est	616,8	+15,2	88 28 21,3	30,1	25,7	+1,40	−4,8	+32,0	− 9 42,4	88 19 10,5	34 26 44,9
− 9 54,4	Ouest			19 22 15,4	26,4	20,9	+1,55	+5,3	−31,9	+ 3 46,3	19 25 40,6	45,0
− 1 54,4	Ouest			19 25 46,8	59,1	52,9	+1,98	+6,8	−31,8	+ 0 8,4	19 25 36,8	48,8
+ 4 0,6	Est			88 19 24,7	33,1	28,9	−1,10	−3,8	−31,8	− 0 37,1	88 19 19,8	54,2
+ 9 5,6	Est			88 21 51,0	63,0	57,0	+1,43	−4,9	−31,9	− 3 10,7	88 19 13,3	47,7
+15 8,6	Ouest	616,8	+15,4	19 17 4,3	17,1	10,7	+1,70	+5,8	−32,0	+ 8 48,0	19 25 32,5	53,1
									Moyenne		34 26 48,95	
									Déclinaison app. +12 36 50,07			
									Latitude		47 3 39,92	
21 juillet α Ursæ majoris.												
−16 3,3	Ouest	616,9	+15,6	69 26 21,6	32,0	26,8	+1,65	+5,6	+12,9	− 9 56,4	69 16 48,9	15 24 25,3
−10 5,3	Est			38 24 13,4	24,8	19,1	+1,22	−4,2	−12,8	+ 3 56,3	38 27 58,4	25,2
− 5 3,3	Est			38 27 11,4	20,8	16,1	+1,20	−4,1	−12,8	+ 0 59,4	38 27 58,6	25,0
+ 0 14,7	Ouest			69 16 31,4	37,2	34,3	+1,30	+4,5	+12,7	− 0 0,1	69 16 51,4	27,8
+ 8 4,7	Ouest			69 19 0,8	7,0	3,9	−1,10	−3,8	+12,8	− 2 31,6	69 16 48,9	25,3
+14 59,7	Est	617,0	+16,2	38 19 25,6	34,2	29,9	−0,65	−2,2	−12,9	+ 8 40,6	38 27 55,4	28,2
									Moyenne		15 24 26,13	
									Déclinaison app. +62 28 8,72			
									Latitude		47 3 42,59	
22 juillet α Ursæ majoris.												
−15 57,7	Ouest	618,4	+18,0	69 26 23,1	30,9	27,0	−0,88	−3,0	+12,8	− 9 49,6	69 16 47,2	15 24 27,3
− 5 2,7	Est			38 27 14,2	18,7	16,4	+1,95	−6,7	−12,7	+ 0 59,2	38 27 56,2	23,7
− 0 28,7	Est			38 28 10,5	14,8	12,6	+2,37	−8,1	−12,7	+ 0 0,5	38 27 52,4	27,5
+ 5 57,3	Ouest			69 17 53,6	60,0	56,8	−1,63	−5,6	+12,7	− 1 22,6	69 16 41,4	21,5
+10 57,3	Ouest	618,1	+18,3	69 21 16,0	22,6	19,3	−1,70	−5,8	+12,7	− 4 38,3	69 16 47,9	28,0
									Moyenne		15 24 25,60	
									Déclinaison app. +62 28 8,52			
									Latitude		47 3 42,92	
24 juillet β Orionis.												
−11 26,9	Est	612,8	+10,3	109 19 50,1	55,6	52,9	−1,35	+4,6	+68,0	− 3 30,6	109 17 33,9	55 25 6,3
− 6 21,9	Ouest			358 27 17,9	25,9	21,9	+0,65	−2,2	−67,8	+ 1 5,1	358 27 21,4	6,2
− 1 31,9	Ouest			358 28 15,9	23,1	19,5	+1,35	+4,6	−67,8	+ 0 3,8	358 27 20,1	7,5
+ 4 18,1	Est			109 16 48,3	54,5	51,4	−1,17	−4,0	+67,8	− 0 29,7	109 17 33,5	5,9
+ 9 33,1	Est			109 18 47,8	54,6	51,2	−1,17	−4,0	+67,8	− 2 26,6	109 17 36,4	8,8
+16 36,1	Ouest	612,8	+10,8	358 20 58,3	65,9	62,1	+1,15	+3,9	−68,0	+ 7 22,5	358 27 20,5	7,1
									Moyenne		55 25 6,97	
									Déclinaison app. − 8 21 28,44			
									Latitude		47 3 38,53	
30 juillet α Tauri.												
−17 40,4	Est	614,4	+ 8,1	84 34 14,1	26,7	20,4	−1,70	+5,8	+28,5	−13 0,0	84 41 54,7	30 49 22,6
−12 41,4	Ouest			22 56 44,4	64,8	54,6	+0,48	+1,6	−28,4	+ 6 42,9	23 3 10,7	21,4
− 6 2,4	Ouest			23 1 48,2	69,2	58,7	+0,82	+2,8	−28,2	+ 1 31,4	23 3 4,7	27,4
− 0 27,4	Est		+ 8,7	84 41 15,3	32,3	23,8	−1,75	+6,0	+28,2	− 0 0,5	84 41 57,5	25,4
+ 4 58,6	Est			84 42 17,7	36,7	27,2	−1,63	−5,6	+28,2	− 1 2,0	84 41 59,0	26,9
+10 13,6	Ouest			22 59 0,4	23,8	12,1	+0,65	+2,2	−28,3	+ 4 21,8	23 3 7,8	24,3
+15 46,6	Ouest	614,4	+ 8,8	22 52 57,5	80,0	68,8	+0,88	+3,0	−28,4	+10 21,9	23 3 5,3	26,8
									Moyenne		30 49 24,97	
									Déclinaison app. +16 14 16,69			
									Latitude		47 3 41,66	

Observations de distances zénithales faites au Righi-Kulm, en 1867.

Angle horaire t	Position Cercle.	Barom. à 0°.	Thermom. extér.	LECTURE DU CERCLE. °	'	MG "	MD "	Moy. "	Niveau. p	Correct. niveau.	Correct. réfract.	Réduction au méridien.	Lecture corrigée.	Distance zénithale.
m s		mm	°	°	'	"	"	"	p	"	"	' "	° ' "	° ' "
30 juillet β Orionis.														
−16 35,2	Ouest	614,4	+ 6,7	358	21	1,0	15,0	8,0	+0,73	+2,5	−69,2	+ 7 21,7	358 27 23,0	55 25 5,1
−10 50,2	Est		+ 5,8	109	19	25,2	36,9	31,0	−1,43	+4,9	+69,2	− 3 8,6	109 17 36,5	8,4
− 6 35,2	Est		+ 5,5	109	17	21,1	36,3	28,7	−1,35	+4,6	+69,2	− 1 9,7	109 17 32,8	4,7
− 1 17,2	Ouest		+ 5,2	358	28	16,1	33,7	24,9	+0 78	+2,7	−69,2	+ 0 2,7	358 27 21,1	7,0
+ 3 4,8	Ouest		+ 5,3	358	28	4,3	21,1	12,7	+1,12	+3,8	−69,2	+ 0 15,3	358 27 22,6	5,5
+11 52,8	Est		+ 5,7	109	19	56,1	70,8	63,5	−1,43	+4,9	+69,3	− 3 46,8	109 17 30,9	2,8
+16 35,8	Est	614,4	+ 6,0	109	23	37,1	50,7	43,9	−1,32	+4,5	+69,3	− 7 22,3	109 17 35,4	7,3
Moyenne														55 25 5,83
Déclinaison app.														− 8 21 27,41
Latitude														47 3 38,42
31 juillet α Ursæ minoris I.														
−19 55,5	Est	614,5	+10,4	9	32	56,5	65,1	60,8	−1,65	+5,6	−45,9	− 18,5	9 32 2,0	44 20 28,8
− 7 30,5	Ouest		+10,5	98	12	4,7	14,3	9,5	−1,18	+4,0	−45,9	+ 2,6	98 13 2,0	31,2
− 4 0,5	Ouest			98	12	4,5	13,1	8,8	+0,95	+3,3	+45,9	+ 0,7	98 12 58,7	27,9
+ 1 4,5	Est		+10,6	9	32	37,5	48,5	43,0	−1,80	+6,2	−45,8	− 0,1	9 32 3,8	27,5
+ 8 14,5	Est			9	32	37,0	49,6	43,3	−1,80	+6,2	−45,8	− 3,1	9 32 0,6	30,2
+15 4,5	Ouest	614,4	+10,9	98	11	51,7	60,5	56,1	+1,60	+5,5	+45,8	+ 10,7	98 12 58,1	27,3
Moyenne														44 20 28,82
180° − Déclin. app.														91 24 10,49
Latitude														47 3 41,67
3 août β Orionis.														
−15 23,1	Ouest	616,2	+ 7,2	358	21	55,0	76,4	65,7	−0,05	−0,2	−69,2	+ 6 20,1	358 27 16,4	55 25 0,6
−10 41,1	Est			109	19	5,3	20,0	12,7	−0,30	+1,0	+69,0	− 3 3,4	109 17 19,3	2,3
− 6 28,1	Est			109	17	13,2	27,6	20,4	−0,48	+1,6	+69,0	− 1 7,2	109 17 23,8	6,8
− 0 33,1	Ouest			358	28	12,5	30,7	21,6	+0,17	+0,6	−68,9	+ 0 0,5	358 27 13,8	3,2
+ 3 51,9	Ouest		+ 7,4	358	27	44,9	63,9	54,4	+0,20	+0,7	−68,9	+ 0 24,0	358 27 10,2	6,8
+ 9 17,9	Est			109	18	22,3	38,5	30,4	−0,17	+0,6	+69,0	− 2 18,9	109 17 21,1	4,1
+13 51,9	Est	616,2	+ 7,5	109	21	13,1	25,9	19,5	+0,32	−1,8	+69,1	− 5 8,7	109 17 18,1	1,1
Moyenne														55 25 3,56
Déclinaison app.														− 8 21 26,77
Latitude														47 3 36,79
3 août α Orionis.														
−15 16,7	Est	613,3	+ 7,7	93	40	32,9	54,7	43,8	+0,25	−0,9	+39,6	− 8 4,0	93 33 18,5	39 40 57,4
− 5 52,7	Ouest			14	10	42,1	58,3	50,2	0	0	−39,5	+ 1 11,8	14 11 22,5	58,6
− 1 15,7	Ouest			14	11	49,7	63,9	56,8	+0,02	+0,1	−39,4	+ 0 3,3	14 11 20,8	60,3
+ 3 37,3	Est			93	32	59,0	77,0	68,0	+0,05	−0,2	−39,4	− 0 31,4	93 33 15,8	54,7
+ 8 19,3	Est		+ 8,2	93	34	58,8	75,8	67,3	−0,05	+0,2	−39,4	− 2 23,8	93 33 23,1	62,0
+13 24,3	Ouest	616,3	+ 8,3	14	5	44,2	61,0	52,6	0	0	−39,5	+ 6 12,8	14 11 25,9	55,2
Moyenne														39 40 58,03
Déclinaison app.														+ 7 22 41,15
Latitude														47 3 39,18

Observations de distances zénithales faites au Righi-Kulm, en 1867.

Angle horaire t.	Position Cercle.	Barom. à 0°.	Thermom. extér.	Lecture du cercle	MG	MD	Moy.	Niveau.	Correct. niveau.	Correct. réfract.	Réduction au méridien.	Lecture corrigée.	Distance zénithale.
m s		mm	°	° '	''	''	''	p	''	''	' ''	° ' ''	° ' ''
5 août α Tauri.													
—16 58,2	Ouest	615,6	+ 6,4	22 51	16,2	45,4	30,8	+0,02	+0,1	—28,7	+11 59,3	23 3 1,5	30 49 23,5
—10 44,2	Est			84 45	55,5	74,2	64,9	—0,90	+3,1	+28,6	— 4 48,3	84 41 48,1	23,1
— 3 19,2	Est			84 42	21,7	44,1	32,9	—0 73	2,5	+28,5	— 1 10,9	84 41 53,0	28,0
+ 0 3,8	Ouest		+ 6,6	23 3	16,4	39,4	27,9	—0,02	+0,1	—28,5	0	23 2 59,5	25,5
+ 4 45,8	Ouest			23 2	18,6	44,4	31,5	+0,27	+0,9	—28,5	+ 0 56,9	23 3 0,8	24,2
+10 37,8	Est			84 45	49,9	68,1	59,0	—0,75	+2,6	+28,5	— 4 42,9	84 41 47,2	22,2
+16 1,8	Est	615,5	+ 7,0	84 51	49,9	60,9	59,9	—0,78	+2,7	+28,6	—10 42,0	84 41 49,2	24,2
												Moyenne	30 49 24,41
												Déclinaison app.	+16 14 17,29
												Latitude	47 3 41,70
5 août β Orionis.													
—15 59,9	Est	615,5	+ 7,0	109 22	59,6	12,4	06,0	—0,35	+1,2	+69,2	— 6 50,9	109 17 25,5	55 25 3,6
— 9 36,9	Ouest			358 25	43,7	70,7	57,2	+0,78	—2,7	—69,0	+ 2 28,5	358 27 19,4	2,5
— 2 42,9	Ouest		+ 7,2	358 27	58,3	78,7	68,5	+0,70	—2,4	—68,9	+ 0 13,0	358 27 15,0	6,9
+ 2 28,1	Est			109 16	17,1	35,6	26,4	—0,32	+1,1	+68,9	— 0 9,8	109 17 26,6	4,7
+ 7 2,1	Est			109 17	29,5	46,0	37,7	—0,32	+1,1	+69,0	— 1 19,3	109 17 28,3	6,4
+11 56,1	Ouest	615,5	+ 6,9	358 24	24,8	44,2	34,5	+0,67	+2,3	—69,1	+ 3 48,8	358 27 16,5	5,4
												Moyenne	55 25 4,92
												Déclinaison app.	— 8 21 26,45
												Latitude	47 3 38,47
5 août α Orionis.													
—17 24,4	Ouest	615,5	+ 7,0	14 1	25,3	45,9	35,6	—0,55	+1,9	—39,7	—10 28,0	14 11 25,8	39 40 56,4
—12 43,4	Ouest			14 6	16,2	37,2	26,7	+0,85	+2,9	—39,6	+ 5 35,9	14 11 25,9	56,3
— 3 21,4	Est			93 32	51,6	75,2	63,4	+0,20	—0,7	+39,5	— 0 21,6	93 33 20,6	58,4
+ 0 20,6	Est		+ 7,1	93 32	32,0	56,2	44,1	+0,50	—1,7	+39,5	— 0 0,2	93 33 21,7	59,5
+ 4 51,6	Ouest			14 11	1,7	19,3	10,5	+0,75	+2,6	—39,5	+ 0 49,1	14 11 22,7	59,5
+ 8 45,6	Ouest			14 9	8,9	27,7	18,3	+0,88	+3,0	—39,5	+ 2 39,3	14 11 21,1	61,1
+12 58,6	Est			93 38	18,9	38,9	28,9	—0,40	+1,4	+39,5	— 3 49,4	93 33 20,4	58,2
+16 33,6	Est	615,4	+ 8,0	93 41	58,0	78,9	68,5	+0,10	—0,3	+39,6	— 9 28,5	93 33 19,3	57,1
												Moyenne	39 40 58,31
												Déclinaison app.	+ 7 22 41,34
												Latitude	47 3 39,65
6 août α Ursæ majoris.													
—13 43,6	Est	615,3	+10,3	38 20	53,3	65,7	59,5	—0,23	+0,8	—13,1	+ 7 16,7	38 28 3,9	15 24 22,9
— 7 58,6	Ouest			69 19	0,0	8,7	4,4	+0,25	+0,9	+13,0	— 2 27,9	69 16 50,4	23,6
— 0 8,6	Ouest			69 16	30,6	41,1	35,8	—0,68	+2,3	+13,0	0	69 16 51,1	24,3
+ 7 4,4	Est	615,3	+10,6	38 26	9,7	21,1	15,4	—0,93	+3,2	—13,0	+ 1 56,3	38 28 1,9	24,9
												Moyenne	15 24 23,92
												Déclinaison app.	+62 28 5,10
												Latitude	47 3 41,18

Comme il avait été fait pour quelques-unes des étoiles plusieurs séries d'observations, le nombre des observations dans chaque série étant différent, il y avait à choisir entre différentes manières de calculer le chiffre de la latitude résultant de l'observation de chaque étoile. On pouvait d'abord attribuer à chaque série un poids déduit de l'accord plus ou moins grand entre les distances zénithales composant la série; mais on peut objecter à ce mode de procéder, que l'accord entre elles d'un petit nombre d'observations ne peut pas donner une garantie certaine de leur plus grande exactitude. Cet accord peut être purement accidentel, et l'adjonction d'une ou deux observations aurait pu suffire pour le détruire; pour des observations faites avec le même instrument, dans des circonstances semblables, on n'est pas en droit de conclure à postériori de l'accord d'un petit nombre de données entre elles, que leur exactitude est plus grande que pour telle autre série, à moins que leur supériorité réelle soit motivée à priori par d'autres considérations.

J'ai donc renoncé à employer ce mode de calcul, et cela d'autant plus que, dans quelques cas, comme on peut le voir dans le tableau suivant, les valeurs de la latitude, données par les différentes séries d'observations de la même étoile, diffèrent entre elles dans des limites beaucoup plus étendues que ne le comporte l'erreur moyenne de ces séries déduite de l'accord des distances zénithales entre elles. Comme je n'avais aucun motif pour attribuer à priori une exactitude plus ou moins grande aux observations composant telle ou telle série, je devais nécessairement la supposer la même pour toutes, et donner à chaque série un poids proportionnel au nombre d'observations, puisqu'il variait d'une série à l'autre.

J'ai réuni dans le tableau suivant les résultats obtenus pour la latitude en les groupant par étoiles, dans l'ordre de la déclinaison. J'indique pour chaque série le nombre des observations, l'erreur moyenne de la série déduite de l'accord des distances zénithales composant la série, enfin la somme des carrés des écarts entre chaque distance zénithale et la moyenne. La somme des ε^2 pour les 81 distances zénithales, réparties sur 13 séries, est de $324'',47$; en divisant ce nombre par 68 on obtient

4″,77, d'où résulte ±2″,18 pour l'erreur moyenne d'une distance zénithale, par l'ensemble de toutes les observations. On obtient ainsi ±0″,89
pour l'erreur moyenne d'une série composée de 6 observations. Les
poids indiqués à côté de chaque série dans le tableau ont été calculés
d'après le nombre des observations, l'unité de poids correspondant au
chiffre de 6. Je donne en outre la moyenne probable pour chaque étoile
avec son erreur moyenne déduite de la somme des poids.

(Voyez le tableau ci-contre.)

Si l'on compare la valeur de la latitude donnée par les différentes étoiles,
on voit une augmentation systématique de l'étoile la plus australe à l'étoile
la plus boréale; les deux étoiles culminant au nord du zénith donnent une
latitude plus forte que celles au sud du zénith, et pour celles-ci à une distance plus grande du zénith correspond une latitude plus faible. Cette marche peut être expliquée par un effet de flexion de la lunette agissant dans
ce sens, que les distances zénithales observées sont trop faibles; si l'on
suppose que la flexion soit proportionnelle au sinus de la distance zénithale, celle-ci devrait être augmentée de la quantité $f \sin z$, f étant déterminé par la condition d'obtenir un accord tel entre les étoiles culminant
au nord et au sud du zénith, à des distances différentes, que la somme
des carrés des écarts entre chaque étoile et la moyenne de toutes soit un
minimum. J'ai attribué dans ce calcul le même poids à chaque étoile, et
cela, malgré la différence dans le nombre des observations de chaque
étoile et dans le poids, qui lui reviendrait en conséquence. Il faut en
effet avoir égard à la considération, que l'incertitude sur la valeur de la
latitude fournie par une étoile ne dépend pas seulement des erreurs accidentelles dans l'observation, et par conséquent du nombre des observations, mais de circonstances affectant de la même manière toutes les
observations de la même étoile, telles que l'erreur du cercle dans telle ou
telle partie, ou une erreur dans la déclinaison adoptée. Si cette dernière
cause d'erreur peut être considérée comme limitée à une petite fraction
de seconde dans le catalogue de M. Bruhns, il peut n'en être pas de

DATE	Nombre d'observ.	Erreur moyenne.	Σ ε 2	Latitude.			Poids.
		± "	"	°	'	"	

β Orionis.

DATE	Nombre d'observ.	Erreur moyenne.	Σ ε 2	Latitude.			Poids.
Juillet 24	6	0,54	8,75	47	3	38,53	1,00
30	7	0,71	21,17			38,42	1,17
Août 3	7	0,96	38,71			36,79	1,17
5	6	0,68	13,87			38,47	1,00
Moyenne probable				47	3	38,02	4,34
Erreur moyenne						± 0,43	

α Orionis.

DATE	Nombre d'observ.	Erreur moyenne.	Σ ε 2	Latitude.			Poids.
Août 3	6	1,17	41,07	47	3	39,18	1,00
5	8	0,59	19,99			39,65	1,33
Moyenne probable				47	3	39,45	2,33
Erreur moyenne						± 0,58	

α Leonis.

DATE	Nombre d'observ.	Erreur moyenne.	Σ ε 2	Latitude.			Poids.
Juillet 21	6	1,53	70,23	47	3	39,92	1,00
Erreur moyenne						± 0,89	

α Tauri.

DATE	Nombre d'observ.	Erreur moyenne.	Σ ε 2	Latitude.			Poids.
Juillet 30	7	0,87	31,79	47	3	41,66	1,17
Août 5	7	0,71	21,17			41,70	1,17
Moyenne probable				47	3	41,68	2,34
Erreur moyenne						± 0,58	

α Ursæ majoris.

DATE	Nombre d'observ.	Erreur moyenne.	Σ ε 2	Latitude.			Poids.
Juillet 21	6	0,59	10,44	47	3	42,59	1,00
22	5	1,28	32,77			42,92	0,83
Août 6	4	0,43	2,22			41,18	0,67
Moyenne probable				47	3	42,32	2,50
Erreur moyenne						± 0,50	

α Ursæ minoris I.

DATE	Nombre d'observ.	Erreur moyenne.	Σ ε 2	Latitude.			Poids.
Juillet 31	6	0,64	12,29	47	3	41,67	1,00
Erreur moyenne						± 0,89	

même de la première, que je n'avais pas les moyens de déterminer. Il m'a semblé préférable d'admettre l'égalité dans les poids, plutôt que de chercher à établir une inégalité, qui aurait eu quelque chose d'arbitraire, dans l'impossibilité où j'étais d'évaluer d'une manière complète et certaine l'incertitude qui affectait la valeur de la latitude donnée par les différentes étoiles. J'ai obtenu ainsi $1'',97$ pour le coefficient de la flexion; la correction sur la valeur observée de la latitude, pour chaque étoile, et la valeur corrigée sont d'après cela :

	°	′	″		″	″
β Orionis	47	3	38,02	+	1,62	39,64
α Orionis			39,45	—	1,26	40,71
α Leonis			39,92	+	1,12	41,04
α Tauri			41,68	+	1,01	42,69
α Ursæ majoris			42,32	—	0,52	41,80
α Ursæ minoris I			41,67	—	1,39	40,28

Moyenne arithmétique des six étoiles	47° 3′ 41″,03	
erreur moyenne	± 0,445	
erreur probable	± 0,30	

L'introduction de la correction due à la flexion ne fait pas disparaître l'écart entre les différentes étoiles, elle ne le réduit pas non plus en dedans des limites déterminées par les erreurs accidentelles des observations ; ainsi on trouve entre β Orionis et α Tauri un écart de $3'',05$, tandis que les erreurs accidentelles d'observation n'autoriseraient qu'un écart de $0'',72$. Les écarts sont cependant notablement diminués, car, en ne tenant pas compte de la flexion, l'écart entre les deux étoiles aurait été de $3'',66$; en outre les étoiles culminant au sud, et au nord du zénith, donnent sensiblement le même résultat, savoir $41'',02$ et $41'',04$, tandis que l'on aurait en ne tenant pas compte de la flexion, $39'',77$ et $42'',00$.

Les mêmes motifs, qui m'avaient engagé à faire entrer chaque étoile avec un poids égal dans le calcul de la flexion, m'ont déterminé à suivre la même marche pour le calcul de la latitude; l'écart considérable entre les valeurs de la latitude, donnée par β Orionis et α Tauri, montre que des poids calculés en raison du nombre des observations seraient illusoires. Du reste, si on voulait appliquer des poids calculés de cette façon, le résultat serait peu différent, car on trouverait pour la moyenne probable 47° 3′ 40″,90, au lieu de 41″,03, mais avec une erreur moyenne de ±0″,50 déduite des écarts donnés par les différentes étoiles, en ayant égard aux poids. Cette erreur moyenne étant plus forte que celle, dont la moyenne arithmétique est affectée, il n'y a pas lieu d'attribuer la préférence au résultat obtenu par ce procédé ; je me suis ainsi tenu au chiffre de

$$47° \ 3′ \ 41″,03$$
$$\text{erreur moyenne} \qquad \pm \ 0″,445$$

pour la valeur de la latitude déterminée par les distances zénithales de ces six étoiles.

§ 2.

Détermination de la latitude par l'observation des passages de α Aurigœ dans le premier vertical.

Dans toutes ces observations, faites à l'aide de l'enregistrement chronographique, la lunette était retournée entre le passage oriental et le passage occidental, de manière à éliminer la collimation dans la différence entre les deux passages. Pour que l'erreur azimutale soit également éliminée dans cette différence, il faut qu'elle soit la même dans les deux passages, c'est-à-dire que l'azimut n'ait pas été changé dans le retournement. Cette condition ne se réalise malheureusement pas toujours dans les instruments portatifs, et j'ai pu constater, par les observations faites dans le méridien, que dans quelques cas une petite secousse, se produi-

sant dans le retournement malgré tous les soins, amenait une variation
sensible dans l'azimut. A défaut de mires placées à l'est et à l'ouest du
pilier, et d'un fil micrométrique mobile, je n'avais aucun moyen de déterminer les variations d'azimut qui avaient pu se produire dans le retournement; et c'est à cette cause que l'on peut attribuer probablement
une partie des écarts entre les valeurs obtenues d'un jour à l'autre. Mais
comme d'un autre côté les erreurs provenant de cette cause sont d'une
nature purement accidentelle, et qu'il n'y a pas de motif pour supposer
que la variation de l'azimut ait eu lieu plus fréquemment, et à un degré
plus considérable, dans un sens que dans le sens opposé, on doit s'attendre à ce qu'elles se compensent en partie dans la moyenne de plusieurs
observations. Il est enfin à noter, que l'influence de la correction azimutale est considérablement réduite dans une observation faite à peu de
degrés du zénith.

La réduction des fils latéraux au fil du milieu a été faite, par approxi-
mations successives, à l'aide de la formule

$$2 \sin \tfrac{1}{2} (t' - t) = \frac{f}{\cos \delta \sin \varphi \sin \{ t + \tfrac{1}{2} (t' - t) \}}$$

dans laquelle f représente en arc de grand cercle la distance d'un fil au
fil du milieu. Dans la première approximation, on se bornait à prendre
pour dénominateur dans le second membre $\cos \delta \sin \varphi \sin t$, t étant donné
par la différence entre le passage observé au fil du milieu, corrigé de l'erreur du chronomètre, et l'ascension droite de l'étoile. Avec les valeurs obtenues pour chaque fil dans cette première approximation, on réduisait
le passage observé au fil du milieu, et on prenait pour la valeur de t, dans
la seconde approximation, celle qui résultait de la moyenne de tous les fils
observés. Dans cette seconde approximation, on calculait le dénominateur du second membre avec la valeur de $\tfrac{1}{2} (t'-t)$ donnée dans la première. Cette seconde approximation suffisait, car une troisième approximation, faite comme contrôle avec les données fournies par la seconde,

donnait la même valeur à un ou deux centièmes de seconde de temps près, même pour les fils extrêmes. L'erreur moyenne dans l'observation d'un fil a été calculée, pour chaque passage, par la somme des carrés des écarts entre chaque fil réduit au fil du milieu et la moyenne ; elle est donnée dans le tableau suivant, ainsi que l'erreur moyenne de la moyenne. De l'ensemble de tous les passages, il résulte que l'erreur moyenne dans l'observation d'un fil est de $\pm 0^s,585$; comme, pour la latitude du Righi, le passage de α Aurigæ d'un fil à l'autre est près de sept fois plus lent que pour une étoile équatoriale observée au méridien, ce chiffre ne paraîtra pas trop élevé, eu égard à la difficulté beaucoup plus grande de l'observation, provenant de la direction très-oblique suivant laquelle le mouvement de l'étoile coupe les fils horaires. On peut remarquer enfin, que l'écart d'un fil avec la moyenne ne provient pas uniquement des erreurs fortuites d'observation, dans quelques cas un changement dans l'instrument, et spécialement dans l'inclinaison de l'axe, a pu avoir lieu pendant les 8 à 9 minutes que dure le passage. Pendant tout ce temps l'observateur reste penché sur l'instrument, l'œil à la lunette, et la chaleur de son corps peut produire une dilatation du montant le plus rapproché et modifier d'une manière sensible l'inclinaison. Je n'ai pas pu constater ces changements d'inclinaison, le nivellement de l'axe ne s'étant fait en général qu'après le passage, surtout pour le passage oriental, mais par analogie avec les variations constatées dans les observations méridiennes, il est très-probable que le même fait se soit représenté dans ce cas-ci.

L'inclinaison de l'axe était donnée par le même niveau que celui dont on se servait pour les observations méridiennes; cet instrument était assez défectueux, ainsi que je l'ai déjà signalé dans le mémoire sur la différence de longitude, et il n'offrait pas des garanties d'une bien grande exactitude dans la détermination de l'inclinaison. Dans le tableau suivant, le signe $+$ ou $-$ de l'inclinaison en secondes de temps, donnée par la lecture du niveau, se rapporte toujours, et pour les deux passages, à l'élévation ou à l'abaissement, de l'extrémité sud de l'axe au-dessus, ou au-dessous, de l'extrémité nord. La correction due à l'inclinaison b a été calculée par la formule

$$- \frac{b}{\sin \varphi \, \cos \varphi \, \tang t}$$

t étant l'angle horaire du passage, par conséquent négatif pour le passage oriental. Les autres colonnes du tableau suivant n'ont pas besoin d'explication ; celle qui donne l'erreur moyenne en secondes de degré sur le demi-intervalle t, exprimé en degrés également, a été calculée d'après l'erreur moyenne de chaque passage, résultant de l'accord des fils entre eux; si $\pm \varepsilon$ est, en secondes de temps, l'erreur moyenne pour le passage oriental et $\pm \varepsilon'$ pour le passage occidental, on aura pour l'erreur moyenne sur t

$$\pm \frac{15}{2} \sqrt{\varepsilon^2 + \varepsilon'^2}$$

La déclinaison apparente de α Aurigæ a été calculée également d'après les données du catalogue de M. le professeur Bruhns, et la latitude par la formule connue

$$\tang \varphi = \frac{\tang \delta}{\cos t}$$

(Voyez le tableau ci-contre.)

Si l'on prend la moyenne arithmétique des valeurs données par les sept jours d'observation, on a pour la latitude $47°3'42'',29$, avec une erreur moyenne de $\pm 0'',55$ déduite de l'accord des jours entre eux. Il paraît difficile d'attribuer un poids égal à ces sept valeurs, de supposer, en particulier, que l'exactitude ait été la même pour les observations des premiers jours, faites dans des circonstances très-défavorables, qui n'avaient permis l'observation que d'un petit nombre de fils, d'un seul même pour le passage occidental du 8 juillet, et pour celles des der-

Observations de α Aurigæ dans le premier vertical, en 1867.

Passage.	Position oculaire.	Nombre de fils.	Erreur moyenne. 1 fil.	Erreur moyenne. moyenne.	Moyenne des fils réduits au fil du milieu.	Inclinaison.	Correct. pour inclin.	Intervalle. 2 t.	Correct. marche du chronomètre.	Demi-intervalle corrigé. t.	Erreur moyenne.	Déclin. app. 45° 51'	Latitude 47° 3'
			±s	±s	h m s	s	s	h m s	s	° ' "	±"	"	"
2 juillet.													
Oriental	Sud	5	0,91	0,41	3 52 2,90	—0,581	—3,94						
Occident.	Nord	13	0,86	0,24	6 4 4,90	—0,819	+5,54	2 12 11,48	—0,23	16 31 24,37	3,60	20,15	43,62
8 juillet.													
Oriental	Nord	11	0,63	0,19	3 52 19,20	—1,125	—7,62						
Occident.	Sud	1			6 4 24,08	+0,273	—1,84	2 12 10,66	—0,27	16 31 17,93	4,65	19,73	42,26
9 juillet.													
Oriental	Sud	13	0,77	0,21	3 52 2,47	—0,477	—3,22						
Occident.	Nord	13	0,52	0,14	6 4 8,07	—0,573	+3,89	2 12 12,71	—0,27	16 31 33,30	1,90	19,65	44,45
10 juillet.													
Oriental	Nord	7	0,31	0,12	3 52 26,52	+0,583	+3,95						
Occident.	Sud	13	0,82	0,23	6 4 46,77	+0,916	—6,16	2 12 10,14	—0,27	16 31 14,03	1,95	19,57	41,52
14 juillet.													
Oriental	Sud	9	0,56	0,19	3 52 19,29	—0,379	—2,56						
Occident.	Nord	13	0,60	0,17	6 4 23,17	—0,441	+2,99	2 12 11,43	—0,23	16 31 24,00	1,91	19,30	42,75
20 juillet.													
Oriental	Sud	13	0,24	0,07	3 52 47,13	—0,317	—2,15						
Occident.	Nord	13	0,54	0,15	6 4 54,02	—0,064	+0,43	2 12 9,47	—0,25	16 31 9,15	1,24	18,94	40,19
21 juillet.													
Oriental	Nord	12	0,63	0,18	3 52 44,65	—0,120	—0,81						
Occident.	Sud	13	0,28	0,08	6 4 53,85	—0,065	+0,44	2 12 10,45	—0,25	16 31 16,50	1,47	18,88	41,21

niers jours, faites dans des circonstances plus favorables, et lorsque j'avais acquis une plus grande expérience dans ce mode d'observer. On peut voir du reste une très-grande différence entre les premiers jours et les derniers dans le chiffre de l'erreur moyenne, dont t est affecté, par suite des erreurs accidentelles d'observation. Tout en reconnaissant que cette dernière cause n'est pas la seule, et que l'exactitude dans la détermination de t dépend de la constance dans la position de l'instrument pour les deux passages, et dans l'opération du retournement, je n'avais pas d'autre base que cette erreur moyenne pour la détermination des poids. En les calculant d'après le chiffre de l'erreur moyenne, on aurait

le 3 juillet	47°	3′	43,62″	Poids	0,28
8 »			42,26		0,17
9 »			44,45		1,00
10 »			41,52		1,00
14 »			42,75		1,00
20 »			40,19		2,40
21 »			41,21		1,71
Moyenne probable 47		3	41,67		7,56
erreur moyenne			± 0,59		
erreur probable			± 0,40		

Ce chiffre ne diffère du précédent que d'une quantité en dedans de la limite des erreurs, et c'est celui que j'adopte pour le résultat des observations faites dans le premier vertical.

§ 3.

Détermination de la latitude par la combinaison des deux procédés.

J'ai trouvé dans le § 1 pour la valeur de la latitude donnée par l'observation de la distance zénithale de 6 étoiles

$$47° \; 3' \; 41'',03 \; \text{erreur moyenne} \; \pm \; 0'',445$$

et dans le § 2, par 7 observations du passage de χ Aurigæ dans le premier vertical

$$47° \; 3' \; 41'',67 \; \text{erreur moyenne} \; \pm \; 0'',59$$

On peut combiner de différentes manières ces deux valeurs pour en déduire le chiffre définitif ; l'on pourrait ainsi prendre simplement la moyenne arithmétique des valeurs données par les deux méthodes, ce qui amènerait à

$$47° \; 3' \; 41'',35 \; \text{avec une erreur moyenne de} \; \pm \; 0'',32$$

Mais on peut objecter à l'emploi de la moyenne arithmétique, que l'une des valeurs est donnée par un nombre d'observations beaucoup plus considérable, réparti sur six étoiles, tandis que l'autre repose sur une étoile seulement.

Si l'on voulait n'avoir égard qu'au nombre des étoiles observées, il faudrait attribuer un poids six fois plus considérable à la première valeur qu'à la seconde, ou prendre simplement la moyenne arithmétique des valeurs données par les sept étoiles, ce qui amènerait à là latitude

$$47° \; 3' \; 41'',12 \; \text{avec une erreur moyenne de} \; \pm \; 0'',38$$

Toutefois, en procédant ainsi, et en attribuant un poids égal à la valeur de la latitude donnée par chaque étoile, quelle que soit la méthode employée, on ne tient pas compte de l'incertitude que l'erreur inconnue du cercle peut introduire dans le chiffre de la latitude fournie par l'observation des distances zénithales.

L'erreur sur la valeur de la latitude obtenue par l'observation des distances zénithales peut être attribuée à trois causes distinctes : les erreurs accidentelles d'observation, en y comprenant celles sur la lecture du cercle, l'erreur de division du cercle dans la partie correspondante, enfin l'incertitude sur la déclinaison de l'étoile. Si la comparaison des observations faites sur la même étoile permet d'évaluer l'incertitude provenant des erreurs accidentelles, il n'en est pas de même de celle provenant de l'erreur du cercle. Quant à la troisième cause, on peut regarder l'incertitude sur la déclinaison des étoiles comme très-faible en comparaison des deux autres causes. Mais comme les étoiles dont les distances zénithales ont été observées sont au nombre de six, et que la différence des déclinaisons est considérable, de près de 100° entre β Orionis et α Ursæ minoris I, on est autorisé à regarder l'erreur moyenne, déduite de l'accord de ces six étoiles entre elles, comme représentant très-approximativement l'incertitude sur la valeur obtenue par cette méthode. D'un autre côté, l'erreur moyenne déduite de l'accord entre elles des 7 observations de α Aurigæ fait connaître approximativement l'incertitude sur le résultat obtenu par la seconde méthode ; en effet, l'erreur provenant d'une variation possible de l'instrument pendant le retournement peut être rangée au nombre des erreurs accidentelles, puisqu'il n'y a pas de motif de supposer que cette variation s'exerce plus fréquemment, ou plus fortement, dans un sens que dans le sens opposé.

Le mode de combinaison le plus rationnel me parait ainsi d'attribuer au chiffre obtenu par chacune des méthodes un poids calculé d'après l'erreur moyenne déduite, comme il vient d'être dit ; savoir, de l'accord des étoiles entre elles pour la première, et de l'accord des observations entre elles pour la seconde. Ces poids seraient respectivement 1,76 et 1,00 d'où résulterait pour la latitude le chiffre définitif

$$47° \quad 3' \quad 41'',26$$
$$\text{erreur moyenne} \pm \quad 0,31$$
$$\text{erreur probable} \pm \quad 0,21$$

CHAPITRE II

Détermination de l'azimut de signaux géodésiques.

J'ai rencontré d'assez grandes difficultés dans la détermination des azimuts, difficultés provenant, soit de l'instrument, soit des circonstances atmosphériques, et cette circonstance ne m'a permis d'obtenir qu'un nombre assez restreint de données. Bien qu'un nombre assez considérable de signaux géodésiques soit visible du Righi, peu d'entre eux seulement pouvaient se prêter à cette détermination, soit en raison de leur distance, soit à cause du fond sur lequel ils se projetaient. Avec une lunette brisée, de 40ᵐᵐ d'ouverture seulement, et dont la clarté pour l'observation d'objets terrestres était diminuée par le grossissement relativement fort de 47, il était à peu près impossible de pointer sur un signal un peu éloigné, à moins qu'il ne se projetât sur le ciel.

Le signal le plus favorable, et réalisant cette dernière condition, était celui du Titlis, distant d'un peu moins de 32 kilomètres; il était malheureusement très-souvent caché par les nuages dans les heures de l'après-midi, où l'observation aurait dû se faire et n'était visible que plus tard, au coucher du soleil, ou le matin de bonne heure. C'est du reste un contretemps qui arrive constamment dans les pays de montagnes pendant la belle saison; par le beau temps, lorsque le ciel est favorable à l'observation d'étoiles, les sommités de montagnes éloignées sont enveloppées de nuages, ou à peine visibles à travers le hâle, tandis que d'un autre côté l'observation d'étoiles est impossible les jours, où ces montagnes sont vues avec le plus de netteté. Le portail d'entrée de l'observatoire de Zurich offrait un point de mire, sur lequel j'ai pu réunir plusieurs déterminations; il ne réalisait pas à la vérité la condition de se projeter sur le ciel, mais vu la distance peu considérable, de 36 kilomètres, l'observation était encore possible, quoique souvent fort difficile. Le premier jour, le 30 juin, j'avais pointé sur la fenêtre de l'observatoire, située à l'ouest du portail; pour réunir toutes les mesures relatives à l'observatoire de Zurich, j'ai effectué la réduction d'azimut de ces deux points de mire, à l'aide des données qui m'ont été transmises par M. le professeur Wolf. L'azimut du signal du Righi, pris du centre du portail, est de $7°53'52'',9$, la distance entre les deux points étant de $36052^m,2$; le centre de la fenêtre, sur laquelle j'avais visé le 30 juin, est de $6^m,38$ à l'ouest, et de $6^m,56$ au nord du centre du portail. D'un autre côté, le pilier placé au centre de la station astronomique est de $16^m,25$ à l'est, et de $2^m,30$ au sud du signal, d'où résulte que, pour ce pilier, la différence d'azimut du portail et du signal est de $89°46'1''$, enfin, que la correction à ajouter à l'azimut du centre de la fenêtre, pour la réduction au centre du portail, est de $+41'',29$. Un seul jour j'ai pu obtenir une détermination du signal du Napf.

Les circonstances atmosphériques étaient aussi très-peu favorables à l'observation de la polaire, faite de jour, en vue de déterminer le lieu du méridien sur le cercle. Les beaux jours étaient rares pendant l'été de 1867, et même alors le ciel était le plus souvent blanchi par des cirrus dans l'après-midi, en sorte que l'observation de α Ursæ minoris était très-difficile. Il fallait beaucoup de temps avant que l'on parvînt à la découvrir, après avoir ajusté l'instrument; de plus, l'étoile restait cachée derrière le fil pendant un grand nombre de secondes, 10 à 12 en minimum, et l'on était obligé de prendre pour l'instant du passage la moyenne entre la disparition et la réapparition au bout de ce long intervalle de temps. Ces difficultés m'ont forcé à renoncer à faire des séries spéciales d'observation de la polaire dans les deux positions de l'instrument, combinées avec la lecture du cercle, et à déduire simplement le lieu du méridien de la lecture du cercle, faite après avoir ajusté l'instrument dans le méridien, et en appliquant la correction azimutale à laquelle j'étais arrivé dans la réduction des observations de passage.

Je ne me dissimule pas l'objection que l'on peut faire à ce mode de procéder, à cause de l'intervalle de plusieurs heures écoulé entre les observations des signaux faites dans l'après-midi, et celles des étoiles dans la soirée, d'où la possibilité que l'instrument ne soit pas resté absolument invariable, et que le lieu du méridien sur le cercle ait été différent à ces deux époques. Néanmoins, d'après l'expérience que j'ai acquise par l'emploi de l'instrument d'Ertel pendant plusieurs années, j'ai pu m'assurer que c'est l'opération du retournement qui peut amener, dans quelques cas, une petite modification dans la position de l'instrument, de l'azimut en particulier, modification qui est mise en évidence par la comparaison des observations faites avant et après le retournement. Tant que la lunette reste dans la même position, les variations dans la position azimutale sont très-faibles et ne dépassent pas les erreurs d'observation proprement dites. J'ai pu du reste m'assurer par les observations faites l'année suivante, au Weissenstein, avec le même instrument, que le lieu du méridien sur le cercle, déterminé par des séries spéciales de α Ursæ minoris I dans l'après-midi, ne différait pas en dehors des limites des erreurs d'observation de celui que j'obtenais dans la soirée, par la réduction des passages observés au méridien. On peut remarquer enfin, que l'incertitude provenant d'un changement possible dans l'instrument entre l'instant de l'observation d'un signal, et celui auquel se rapporte la correction azimutale déterminée dans la soirée, peut être rangée au nombre des erreurs accidentelles, attendu qu'il n'y a pas de motif pour admettre à priori que le changement ait lieu dans un sens plutôt que dans le sens opposé. Cette incertitude aurait ainsi pour effet d'augmenter l'écart entre les valeurs fournies d'un jour à l'autre, et elle s'ajouterait aux erreurs d'observation proprement dites, sans introduire une modification systématique dans la valeur résultant de la moyenne de plusieurs jours. De l'accord entre elles des valeurs obtenues pour les différents jours, on pourra ainsi déduire l'incertitude moyenne d'une observation, en y comprenant la variabilité de l'instrument, et l'erreur moyenne de la moyenne de toutes les valeurs.

Ainsi qu'on peut le voir par le tableau suivant, l'élimination de la collimation dans l'observation du signal s'est faite, tantôt par le retournement de tout l'instrument de 180° autour de l'axe vertical, tantôt, et le plus souvent, par le retournement de la lunette seule; enfin le **25** juillet, dans les quatre positions possibles du cercle et de la lunette. La position du cercle horizontal relativement au méridien n'a été changée qu'une seule fois, le **22** juillet, où le cercle a été avancé de 90°. Je m'étais bien proposé de faire les observations dans un plus grand nombre de positions différentes pour éliminer les erreurs du cercle, mais comme je tenais à réunir un certain nombre d'observations dans la même position, le temps m'a fait défaut.

Le tableau suivant donne tous les détails relatifs à la détermination des azimuts; j'indique pour chaque observation la position du cercle C et celle de l'oculaire Oc, la lecture du cercle horizontal, d'après les deux microscopes désignés par I et II, et leur moyenne. Les colonnes suivantes donnent la lecture du cercle dans l'ajustement méridien, avec la correction azimutale d'après les observations faites dans la soirée, enfin l'azimut du signal obtenu de cette façon.

Détermination de l'azimut de signaux terrestres au Righi-Kulm, en 1867.

DATE	Cercle.	Oent.	° ′	Micr. I.	Micr. II.	Moy.	Position Cercle.	Lecture.	Position Cercle.	° ′	Micr. I.	Micr. II.	Moy.	Correction azimutale.	Seconde corrigée.	Azimut.
Signal du Titlis.																
30 juin	C. Est	Oc. Est	296 52	1,5	8,1	4,8	C. Est	296 51 38,95	Est	290 16	50,6	56,1	53,35	+ 4,55	57,90	6 34 58,05
	C. Ouest	Oc. Ouest	116 51	49,3	44,9	47,1										
11 juillet	C. Ouest	Oc. Ouest	116 51	63,7	59,7	61,7	C. Ouest	116 51 48,15	Ouest	110 16	54,9	54,3	54,60	— 8,85	45,75	35 2,40
	C. Ouest	Oc. Est	116 51	36,9	32,3	34,6										
15 juillet	C. Ouest	Oc. Ouest	116 51	54,8	56,3	55,55	C. Ouest	116 52 2,52	Ouest	110 16	60,1	57,6	58,85	+ 1,51	60,36	35 2,16
	C. Ouest	Oc. Est	116 52	9,2	9,8	9,50										
21 juillet	C. Ouest	Oc. Est	116 52	7,3	7,7	7,5	C. Ouest	116 52 1,05	Est	290 16	57,3	66,4	61,85	— 3,34	58,51	35 2,54
	C. Ouest	Oc. Ouest	116 51	54,7	54,5	54,6										
22 juillet	C. Ouest	Oc. Est	26 51	57,4	60,2	58,8	C. Ouest	26 51 54,12	Ouest	20 16	48,6	53,7	51,15	— 3,57	47,58	35 6,54
	C. Ouest	Oc. Ouest	26 51	48,3	50,6	49,45										
														Moyenne de 5 jours		6 35 2,34
														Erreur moyenne		± 1,35
Signal du Napf.																
28 juillet	C. Nord	Oc. Nord	102 22	37,2	34,4	35,8	C. Nord	102 22 39,95	Ouest	20 16	50,8	50,0	50,40	— 4,32	46,08	82 5 53,87
	C. Nord	Oc. Sud	102 22	45,5	42,7	44,1										
Observatoire de Zurich. (Fenêtre à l'Ouest du Portail.)																
30 juin	C. Ouest	Oc. Ouest	118 5	46,0	46,3	46,15	C. Ouest	118 5 38,57	Est	290 16	50,6	56,1	53,35	+ 4,55	57,90	187 48 40,67
	C. Est	Oc. Est	298 5	27,7	34,3	31,0										
														Réduction au centre du portail		+ 41,29
																187 49 21,96
Observatoire de Zurich. (Centre du Portail, face sud.)																
3 juillet	C. Est	Oc. Est	298 6	6,2	15,0	10,6	C. Est	298 6 12,0	Est	290 16	53,8	63,4	58,60	— 11,83	46,77	187 49 23,23
	C. Est	Oc. Ouest	298 6	9,4	17,4	13,4										
9 juillet	C. Ouest	Oc. Est	118 6	37,9	38,5	38,2	C. Ouest	118 6 16,67	Ouest	110 16	56,2	57,0	56,60	— 6,67	49,93	49 26,74
	C. Ouest	Oc. Ouest	118 5	54,3	56,0	55,15										
18 juillet	C. Ouest	Oc. Ouest	118 6	23,8	27,8	25,80	C. Ouest	118 6 19,42	Ouest	110 16	57,2	56,2	56,70	— 1,70	55,00	49 24,42
	C. Ouest	Oc. Est	118 6	12,4	13,7	13,05										
21 juillet	C. Est	Oc. Est	298 6	12,8	19,0	15,90	C. Est	298 6 21,65	Est	290 16	57,3	66,4	61,85	— 3,34	58,51	49 23,14
	C. Est	Oc. Ouest	298 6	24,5	30,3	27,40										
22 juillet	C. Ouest	Oc. Ouest	28 6	19,2	23,2	21,20	C. Ouest	28 6 12,30	Ouest	20 16	48,6	53,7	51,15	— 3,57	47,58	49 24,72
	C. Ouest	Oc. Est	28 6	0,1	6,7	3,40										
23 juillet	C. Est	Oc. Est	208 6	6,1	12,2	9,15	C. Est	208 6 13,15	Est	200 16	53,4	58,7	56,05	— 6,13	49,92	49 23,23
	C. Est	Oc. Ouest	208 6	14,4	19,9	17,15										
25 juillet	C. Est	Oc. Est	208 5	59,1	66,3	62,7	C. Est	208 6 8,15	Est	200 16	52,5	57,2	54,85	— 9,96	44,89	49 24,66
	C. Est	Oc. Ouest	208 6	11,2	16,0	13,6										
	C. Ouest	Oc. Est	28 6	5,2	9,2	7,2	C. Ouest	28 6 10,95								
	C. Ouest	Oc. Ouest	28 6	13,1	16,3	14,7										
														Moyenne des 8 déterminations		187 49 24,26
														Erreur moyenne		± 0,52

Pour l'azimut du Titlis, sur lequel je n'ai pu obtenir que cinq déterminations, trois d'entre elles s'accordent à de très-petites différences
près, tandis que la première et la dernière présentent un écart de 8″,5,
mais leur moyenne est presque identique à celle des trois autres. Il y a
ainsi une compensation entre ces valeurs discordantes, et l'on peut s'attendre à ce que l'incertitude réelle sur la moyenne des cinq soit plutôt
inférieure au chiffre de ±1″,35, que l'on trouve pour erreur moyenne par
la somme des carrés des écarts, et qui correspond à une erreur moyenne
de ±3″,0 sur une observation. Pour le portail de l'observatoire de Zurich,
l'erreur moyenne de la moyenne des 8 déterminations est de ±0″,52, et
l'erreur moyenne d'une détermination ±1″,47.

———

CHAPITRE III

Récapitulation des données relatives à la station du Righi-Kulm.

Si l'on réunit les données obtenues dans les chapitres précédents, et
celles qui ont déjà été publiées, on aura

A) pour le pilier de l'instrument universel :

Latitude	47°	3′	41″,26
erreur moyenne			± 0,31
erreur probable			± 0,21
Longitude Ouest de Zurich	0ᵐ		15ˢ,839
erreur moyenne			± 0,028
erreur probable			± 0,019

Longitude Est de Neuchâtel		6ᵐ	6,528ˢ
erreur moyenne		±	0,012
erreur probable		±	0,008

Azimut signal Titlis	6°	35′	2,34″
erreur moyenne		±	1,35
erreur probable		±	0,91
Azimut signal Napf	82	5	53,87
Azimut Portail observatoire Zurich	187	49	24,26
erreur moyenne		±	0,52
erreur probable		±	0,35

B) pour le pilier du pendule situé à **63ᵐ,6** au sud, et à **7ᵐ,3** à l'est du précédent, le centre de figure du pendule étant à **12ᵐ** au-dessous du pied du signal géodésique :

pesanteur	9,801565ᵐ
erreur moyenne	± 0,0000466
erreur probable	± 0,0000315

II. STATION DU WEISSENSTEIN

———✦———

CHAPITRE IV

Détermination de la latitude.

La latitude du Weissenstein a été déterminée à l'aide du théodolithe d'Ertel, et par les mêmes procédés qu'au Righi-Kulm, savoir par l'observation de distances zénithales près du méridien et par les passages de α Aurigæ dans le premier vertical. Les observations faites en vue de la détermination de la longitude se sont prolongées jusqu'au 15 août, en sorte que l'instrument pouvait être ajusté dans le premier vertical, pendant la soirée, à partir de cette époque seulement. Le temps devint très-mauvais dès le 16 août et rendit toute observation impossible jusqu'au 23; ce soir et le lendemain, le 24, j'ai fait de vains efforts pour observer les passages d'autres étoiles dans le premier vertical, après avoir obtenu quelques fils du passage oriental, le ciel se couvrait pour le passage occidental. J'ai dû ainsi renoncer à prolonger inutilement mon séjour, les circonstances atmosphériques devenant de plus en plus défavorables.

Les étoiles, dont la distance zénithale a été observée au Weissenstein, sont les mêmes qu'au Righi-Kulm, sauf que α Leonis, qui culminait trop près de midi, à cette époque de l'année, a été remplacée par α Bootis.

§ 1.

Détermination de la latitude par l'observation des distances zénithales.

Si le nombre des étoiles observées est le même que l'année précédente, le nombre des observations est beaucoup plus considérable, plus du double, et j'ai pu réunir plusieurs séries pour chaque étoile. La réduction a été faite identiquement de la même manière que pour les observations du Righi-Kulm, et les tableaux sont donnés sous la même forme. En raison du plus grand nombre de données, il m'a été possible d'obtenir une plus grande exactitude dans la détermination des erreurs accidentelles de division, faite suivant le procédé indiqué à la page 4. Par la comparaison de la lecture du cercle, suivant qu'elle se rapporte au trait supérieur, ou au trait inférieur, il résulte que l'erreur moyenne de pointer sur un trait est de $\pm 0'',83$, ce qui donne $+0'',41$ pour l'erreur moyenne d'une lecture faite aux deux microscopes.

Dans la réduction des observations, j'ai pris pour la valeur d'une partie du niveau $3'',56$, moyenne de la détermination faite par M. Hirsch,

   à Neuchâtel,   en 1867, $3'',427$

   et de celle faite par moi, à Genève, en 1869, $3'',694.$

Observations de distances zénithales faites au Weissenstein, en 1868.

Angle horaire t.	Position Cercle.	Barom. à 0°.	Thermom. extér.	M G	M D	Moy.	Niveau.	Correct. niveau.	Correct. réfract.	Réduction au méridien.	Lecture corrigée.	Distance zénithale.
m s		mm		°	' "	" "	p	"	"	' "	° ' "	° ' "
25 juillet α Ursæ majoris.												
−17 59,2	Est	659,2	+20,7	38 37 46,7	46,1	46,4	−1,40	+5,0	−13,6	+12 34,6	38 50 12,4	15 12 47,2
−10 30,3	Ouest		+20,5	69 19 48,4	44,6	46,5	+1,20	−4,3	+13,4	− 4 18,7	69 15 45,5	45,9
− 4 6,3	Ouest		+20,8	69 16 14,6	11,0	12,8	+0,48	−1,7	+13,4	− 0 39,6	69 15 48,3	48,7
+ 2 28,6	Est		+20,8	38 50 11,1	11,3	11,2	−0,50	−1,8	−13,4	+ 0 14,4	38 50 14,0	45,6
+ 7 33,6	Est		+20,7	38 48 3,9	4,3	4,1	−0,90	−3,2	−13,4	+ 2 14,1	38 50 8,0	51,6
+13 58,5	Ouest	659,2	+20,6	69 23 9,9	10,3	10,1	+0,70	+2,5	+13,5	− 7 36,0	69 15 49,2	49,6
										Moyenne de 6		15 12 48,10
										Déclinaison app.		+62 27 50,82
										Latitude		47 15 2,72
26 juillet α Ursæ majoris.												
−11 54,6	Ouest	657,3	+24,9	69 20 50,3	57,5	53,9	+0,62	−2,2	+13,0	− 5 32,2	69 15 36,9	15 12 45,3
− 5 15,7	Est		+25,2	38 49 0,9	9,9	5,4	−2,58	+9,2	−13,0	+ 1 5,2	38 50 6,8	44,8
+ 0 46,3	Est		+25,2	38 50 5,6	20,2	12,9	−1,13	+4,0	−13,0	+ 0 1,6	38 50 5,5	46,1
+ 7 2,2	Ouest		+25,1	69 17 20,8	32,0	26,4	−1,27	−4,5	+13,0	− 1 56,2	69 15 38,7	47,1
+12 10,1	Ouest		+25,1	69 21 9,7	22,4	16,0	−0,10	−0,4	+13,1	− 5 46,7	69 15 42,0	50,4
+17 26,1	Est	657,2	+25,1	38 38 10,1	23,0	16,6	−1,88	+6,7	−13,1	+11 49,5	38 49 59,7	51,9
										Moyenne de 6		15 12 47,60
										Déclinaison app.		+62 27 50,61
										Latitude		47 15 3,01
27 juillet α Ursæ majoris.												
−11 54,8	Est	655,4	+24,4	38 44 47,3	50,5	48,9	−1,43	+5,1	−13,1	+ 5 32,4	38 50 13,3	15 12 44,2
− 5 57,8	Ouest		+24,5	69 16 50,7	52,5	51,6	+0,90	+3,2	+13,0	− 1 23,5	69 15 44,3	46,8
+ 2 53,1	Ouest		+24,8	69 15 45,0	46,8	45,9	+1,60	+5,7	+12,9	− 0 19,5	69 15 45,0	47,5
+ 8 39,1	Est	655,2	+24,8	38 47 21,5	24,5	23,0	−0,53	+1,9	−13,0	+ 2 55,6	38 50 7,5	50,0
										Moyenne de 4		15 12 47,13
										Déclinaison app.		+62 27 50,40
										Latitude		47 15 3,27
31 juillet α Ursæ majoris.												
−16 0,4	Est	657,9	+16,5	38 40 19,6	14,7	17,1	−2,13	+7,6	−13,5	+ 9 58,7	38 50 9,9	15 12 46,6
− 9 37,5	Ouest		+16,5	69 18 66,7	54,3	60,5	+1,40	+5,0	+13,5	− 3 37,2	69 15 41,8	45,3
− 1 59,5	Ouest		+16,2	69 15 35,0	24,0	29,5	−2,17	+7,7	+13,4	− 0 9,3	69 15 41,3	44,8
+ 4 6,4	Est		+15,9	38 49 41,1	28,3	34,7	−1,82	+6,5	−13,4	+ 0 39,6	38 50 7,4	49,1
+ 9 15,4	Est		+15,5	38 46 65,0	53,0	59,0	−1,47	+5,2	−13,5	+ 3 21,1	38 50 11,8	44,7
+16 11,4	Ouest	657,9	+15,2	09 25 46,3	33,9	40,1	+1,52	+5,4	+13,6	−10 12,4	69 15 46,7	50,2
										Moyenne de 6		15 12 46,78
										Déclinaison app.		+62 27 49,52
										Latitude		47 15 2,74
31 juillet α Ursæ minoris I.												
−21 6,8	Est	658,0	+15,0	9 55 7,0	8,1	7,6	−1,27	+4,5	−48,2	− 0 20,8	9 54 3,1	44 8 52,8
− 2 57,9	Ouest			98 10 52,4	55,6	54,0	+1,07	−3,8	+48,1	+ 0 0,4	98 11 46,3	50,4
+ 7 22,1	Ouest			98 10 48,4	48,6	48,5	+2,20	−7,8	+48,0	+ 0 2,5	98 11 46,8	50,8
+17 14,9	Est	658,0	+15,8	9 54 55,8	62,7	59,3	−2,83	+10,1	−47,9	− 0 13,9	9 54 7,6	48,4
										Moyenne de 4		44 8 50,60
										180 − Déclin. app.		91 23 53,00
										Latitude		47 15 2,40

Observations de distances zénithales faites au Weissenstein, en 1868.

1ᵉʳ août α Ursæ minoris I.

Angle horaire t.	Position Cercle.	Barom. à 0°.	Thermom. extér.	M G	M D	Moy.	Niveau.	Correct. niveau.	Correct. réfract.	Réduction au méridien.	Lecture corrigée.	Distance zénithale.
m s		mm	°	° ′ ″	″	″	P	″	″	′ ″	° ′ ″	° ′ ″
—19 55,0	Ouest	658,9	+15,1	98 10 17,8	33,8	25,8	+0,98	+3,5	+48,2	+ 0 18,5	98 11 36,0	44 8 46,6
— 9 20,1	Est			9 54 36,2	58,9	47,6	—1,52	+5,4	—48,2	— 0 4,1	9 54 0,7	48,7
+ 3 37,8	Est			9 54 31,0	50,8	40,9	—2,47	+8,8	—48,1	— 0 0,6	9 54 1,0	48,4
+15 18,7	Ouest		—15,2	98 10 22,9	37,9	30,4	+1,52	—5,4	+48,1	+ 0 10,9	98 11 34,8	45,4
+25 48,6	Ouest			98 10 8,5	22,9	15,7	+1,95	+6,9	+48,2	+ 0 31,1	98 11 41,9	52,5
+39 48,5	Est	658,9	+14,5	9 55 44,5	66,3	55,4	—2,45	+8,8	—48,2	— 1 13,8	9 54 2,2	47,2

Moyenne de 6   44 8 48,13
180 - Déclin. app.   91 23 52,76
Latitude   47 15 4,63

2 août α Ursæ majoris.

Angle horaire t.	Position Cercle.	Barom. à 0°.	Thermom. extér.	M G	M D	Moy.	Niveau.	Correct. niveau.	Correct. réfract.	Réduction au méridien.	Lecture corrigée.	Distance zénithale.
—18 10,9	Ouest		+16,5	69 28 0,5	6,9	3,7	+1,60	+5,7	+13,6	—12 50,7	69 15 32,3	15 12 44,3
— 9 52,9	Est		+16,6	38 46 20,8	25,0	22,9	—1,23	+4,4	—13,4	+ 3 48,9	38 50 2,8	45,2
— 4 27,0	Est	657,3	+16,3	38 49 18,8	26,4	22,6	—1,55	—5,7	—13,4	+ 0 46,5	38 50 1,4	46,6
+ 0 19,0	Ouest		+15,8	69 15 13,9	21,5	17,7	+1,10	—3,9	+13,4	— 0 0,2	69 15 34,8	46,8
+ 6 9,9	Ouest		+15,8	69 16 42,0	49,3	45,6	+1,35	+4,8	+13,5	— 1 29,1	69 15 34,8	46,8

Moyenne de 5   15 12 45,94
Déclinaison app.   +62 27 48,98
Latitude   47 15 3,04

2 août α Ursæ minoris I.

Angle horaire t.	Position Cercle.	Barom. à 0°.	Thermom. extér.	M G	M D	Moy.	Niveau.	Correct. niveau.	Correct. réfract.	Réduction au méridien.	Lecture corrigée.	Distance zénithale.
—32 32,0	Est	657,4	+17,1	9 55 26,1	40,7	33,4	+0,22	—0,8	—47,7	— 0 49,3	9 53 55,6	44 8 50,0
—20 14,1	Ouest			98 10 23,0	28,8	25,9	+0,85	+3,0	+47,7	+ 0 19,1	98 11 35,7	50,0
— 9 19,2	Ouest	657,2	+17,3	98 10 35,3	44,9	40,1	+1,15	+4,1	+47,7	+ 0 4,0	98 11 35,9	50,2
+ 2 42,7	Est		—17,3	9 54 32,7	47,3	40,0	—1,65	+5,9	—47,7	— 0 0,3	9 53 57,9	47,8
+11 33,6	Est			9 54 39,1	51,5	45,3	—1,62	+5,8	—47,7	— 0 6,2	9 53 57,2	48,5
+26 12,4	Ouest	657,0	+16,9	98 9 58,5	68,2	63,4	+2,40	+8,5	+47,7	+ 0 32,0	98 11 31,6	46,0

Moyenne de 6   44 8 48,75
180 - Déclin. app.   91 23 52,54
Latitude   47 15 3,79

3 août α Ursæ minoris I.

Angle horaire t.	Position Cercle.	Barom. à 0°.	Thermom. extér.	M G	M D	Moy.	Niveau.	Correct. niveau.	Correct. réfract.	Réduction au méridien.	Lecture corrigée.	Distance zénithale.
—23 18,1	Ouest	659,1	+20,4	98 10 44,3	27,0	35,7	+0,17	+0,6	+47,2	+ 0 25,3	98 11 48,8	44 8 47,1
—10 4,2	Est		+20,5	9 54 65,6	55,2	60,4	—2,00	+7,1	—47,2	— 0 4,7	9 54 15,6	46,1
+ 4 2,7	Est			9 54 56,1	41,9	49,0	—3,30	+11,8	—47,2	— 0 0,8	9 54 12,8	48,9
+16 50,6	Ouest		+20,4	98 10 51,0	34,2	42,6	+0,98	—3,5	+47,2	+ 0 13,2	98 11 46,5	44,8
+24 24,6	Ouest		+20,4	98 10 39,5	20,7	30,1	+1,50	—5,3	+47,2	+ 0 27,8	98 11 50,4	48,7
+35 22,5	Est	659,2	+20,4	9 55 59,0	45,0	52,0	—2,65	+9,4	—47,2	— 0 58,3	9 54 15,9	45,8

Moyenne de 6   44 8 46,90
180 - Déclin. app.   91 23 51,38
Latitude   47 15 4,48

Observations de distances zénithales faites au Weissenstein, en 1868.

Angle horaire t.	Position Cercle.	Barom. à 0°.	Thermom. extér.	Lecture du cercle ° '	MG	MD	Moy.	Niveau.	Correct. niveau.	Correct. réfract.	Réduction au méridien.	Lecture corrigée.	Distance zénithale.
m s		mm	°	° '	"	"	"	p	b	"	' "	° ' "	° ' "
8 août α Tauri.													
—14 35,7	Ouest	660,6	+16,5	22 53	38,3	56,5	47,4	+1,00	+3,6	—29,9	+ 8 47,8	23 2 8,9	31 0 38,1
— 8 9,8	Est		+16,5	85 5	30,6	36,6	33,6	—1,85	+6,6	+29,8	— 2 45,4	85 3 24,6	37,6
— 2 16,8	Est		+16,6	85 2	57,4	61,4	59,4	—2,30	+8,2	+29,7	— 0 13,1	85 3 24,2	37,2
+ 2 47,1	Ouest		+16,6	23 2	9,5	20,9	15,2	+1,10	+3,9	—29,7	+ 0 19,4	23 2 8,8	38,2
+ 9 14,1	Ouest		+16,6	22 58	49,7	68,3	59,0	+1,60	+5,7	—29,8	+ 3 31,8	23 2 6,7	40,3
+17 29,0	Est	660,6	+16,6	85 15	22,9	31,6	27,3	—2,30	+8,2	+29,9	—12 36,6	85 3 28,8	41,8
											Moyenne de 6		31 0 38,87
											Déclinaison app.		+16 14 25,70
											Latitude		47 15 4,57
8 août β Orionis.													
—15 51,3	Est	660,6	+16,9	109 44	19,4	27,4	23,4	—2,02	+7,2	+1 12,3	—6 41,3	109 39 1,6	55 36 18,2
— 9 47,4	Ouest		+17,0	358 24	55,2	67,7	61,4	+0,73	—2,6	—1 12,1	+2 33,1	358 26 25,0	18,5
— 3 55,4	Ouest		+17,1	358 27	0,3	12,3	6,3	+0,93	—3,3	—1 12,0	+0 24,6	358 26 22,2	21,3
+ 2 42,5	Est		+17,1	109 37	51,7	60,3	56,0	—2,55	+9,1	+1 12,0	—0 11,7	109 39 5,1	21,6
+ 7 33,5	Est		+17,2	109 39	12,8	23,6	18,2	—2,00	+7,1	+1 12,0	—1 31,3	109 39 6,0	22,5
+13 0,4	Ouest	660,6	+17,2	358 22	56,6	65,0	60,8	+0,53	—1,9	—1 12,1	+4 30,2	358 26 20,8	22,6
											Moyenne de 6		55 36 20,78
											Déclinaison app.		— 8 21 20,64
											Latitude		47 15 0,14
8 août α Orionis.													
—16 51,6	Ouest	660,6	+17,4	14 1	15,6	27,8	21,7	+0,33	+1,2	—41,4	+ 9 44,9	14 10 26,4	39 52 16,6
—11 38,6	Est		+17,5	93 58	44,3	60,7	52,5	—1,15	+4,1	+41,3	— 4 39,3	93 54 58,6	15,7
— 6 52,7	Est		+17,8	93 55	40,7	56,1	48,4	—2,13	+7,6	+41,3	— 1 37,6	93 54 59,7	16,7
— 0 43,7	Ouest		+17,8	14 11	1,1	10,7	5,9	+0,12	+0,4	—41,1	+ 0 1,1	14 10 26,3	16,7
+ 3 48,2	Ouest		+17,9	14 10	28,5	35,7	32,1	+0,53	+1,9	—41,1	+ 0 29,8	14 10 22,7	20,2
+10 51,2	Est	660,7	+18,0	93 58	12,0	23,2	17,6	—2,25	+8,0	+41,1	— 4 2,7	93 55 4,0	21,0
											Moyenne de 6		39 52 17,82
											Déclinaison app.		+ 7 22 43,92
											Latitude		47 15 1,74
9 août α Ursæ majoris (observations interrompues par des nuages).													
— 9 11,7	Est	660,6	+22,5	38 46	50,4	48,2	49,3	—1,60	+5,7	—13,2	+ 3 18,3	38 50 0,1	15 12 46,2
+ 7 1,2	Ouest			69 17	13,1	15,3	14,2	+0,03	—0,1	+13,1	— 1 55,7	69 15 31,7	45,4
+11 30,1	Ouest	660,6	+22,5	69 20	27,6	31,0	29,3	+0,20	+0,7	+13,2	— 5 9,9	69 15 33,3	47,0
											Moyenne de 3		15 12 46,20
											Déclinaison app.		+62 27 47,18
											Latitude		47 15 0,98

Observations de distances zénithales faites au Weissenstein, en 1868.

Angle horaire t.	Position Cercle.	Barom. à 0°.	Thermom. extér.	M G	M D	Moy.	Niveau.	Correct. niveau.	Correct. réfract.	Réduction au méridien.	Lecture corrigée.	Distance zénithale.
m s		mm	°	° ' "	"	"	p	"	"	' "	° ' "	° ' "

9 août α Ursæ minoris I.

Angle horaire t.	Position Cercle.	Barom. à 0°.	Thermom. extér.	M G	M D	Moy.	Niveau.	Correct. niveau.	Correct. réfract.	Réduction au méridien.	Lecture corrigée.	Distance zénithale.
—16 22,0	Est	660,5	+23,1	9 54 42,9	51,1	47.0	—1,45	+5,2	—46,8	— 0 12,5	9 53 52,9	44 8 47,1
+ 2 50,9	Ouest			98 10 38,4	41,0	39,7	—0,03	—0,1	+46,8	+ 0 0,4	98 11 26,8	46,8
+12 1,8	Ouest		+23,2	98 10 34,9	37,3	36,1	—0,12	—0,4	+46,8	+ 0 6,8	98 11 29,3	49,3
+22 44,7	Est			9 54 53.8	59,0	56,4	—1,43	—5,1	—46,8	— 0 24,1	9 53 50,6	49,4
+33 50,6	Est	660,5	+23,3	9 55 23,2	28,0	25,6	—2,00	+7,1	—46,8	— 0 53,4	9 53 52,5	47,5

Moyenne de 5 — 44 8 48,02
180 – Déclin. app. — 91 23 51,20
Latitude — 47 15 3,18

9 août α Tauri (observations interrompues par le brouillard).

Angle horaire t.	Position Cercle.	Barom. à 0°.	Thermom. extér.	M G	M D	Moy.	Niveau.	Correct. niveau.	Correct. réfract.	Réduction au méridien.	Lecture corrigée.	Distance zénithale.
+ 5 28,9	Est	659,4	+19,0	85 3 52,7	58,1	55,4	—2,67	+9,5	—29,4	— 1 14,6	85 3 19,7	31 0 38,4
+12 21,8	Ouest		+19,1	22 56 9,3	19,1	14,2	—0,25	—0,9	—29,5	+ 6 19,0	23 2 2,8	38,5

Moyenne de 2 — 31 0 38,45
Déclinaison app. +16 14 25,80
Latitude — 47 15 4,25

9 août β Orionis.

Angle horaire t.	Position Cercle.	Barom. à 0°.	Thermom. extér.	M G	M D	Moy.	Niveau.	Correct. niveau.	Correct. réfract.	Réduction au méridien.	Lecture corrigée.	Distance zénithale.
—16 11,6	Ouest		+19,3	358 20 31,4	41,6	36,5	—0,62	—2,2	—1 11,6	—6 58,6	358 26 21,3	55 36 20,2
—10 56,6	Est		—19 4	109 40 54,8	62,2	58,5	—1,20	+4,3	+1 11,4	—3 11,3	109 39 2,9	21,4
— 5 52,7	Est	659,4	—19,6	109 38 36,3	45,5	40,9	—2,35	+8,4	+1 11,2	—0 55,2	109 39 5,3	23,8
— 0 44,7	Ouest		+19,8	358 27 28,2	35,2	31,7	—1,07	—3,8	—1 11,1	+0 0,9	358 26 17,7	23,8
+ 3 59,2	Ouest		—20,0	358 27 3,2	10,4	6,8	—0,87	—2,4	—1 11,1	+0 25,4	358 26 18,7	22,8
+10 0,2	Est		—20,2	109 40 19,9	26,7	23,3	—2,35	+8,4	+1 11,1	—2 39,8	109 39 3,0	21,5

Moyenne de 6 — 55 36 22,25
Déclinaison app. — 8 24 20,49
Latitude — 47 15 1,76

9 août α Orionis.

Angle horaire t.	Position Cercle.	Barom. à 0°.	Thermom. extér.	M G	M D	Moy.	Niveau.	Correct. niveau.	Correct. réfract.	Réduction au méridien.	Lecture corrigée.	Distance zénithale.
—16 40,8	Est	659,4	+19,9	94 3 35,9	46,3	41,1	—1,47	+5,2	+40,9	— 9 32,5	93 34 54,7	39 52 14,5
—10 40,9	Ouest		+20,0	14 7 10,5	15,8	13,2	—0,87	—3,1	—40,8	+ 3 55,1	14 10 24,4	15,9
— 6 1,9	Ouest		+20,1	14 9 49,2	55,6	52,4	—0,95	—3,4	—40,7	+ 1 15,0	14 10 23,3	17,0
+ 4 38,0	Est		+20,4	93 34 32,9	61,1	57,0	—2,05	+7,3	+40,6	— 0 44,2	93 55 0,7	20,4
+ 8 32,9	Est		+20,5	93 56 36,4	43,6	40,0	—2,02	+7,2	+40,7	— 2 30,6	93 54 57,3	17,0
+13 26,9	Ouest	659,4	+20,5	14 4 50,4	52,0	51,2	—0,48	—1,7	—40,8	+ 6 12,4	14 10 21,1	19,1

Moyenne de 6 — 39 52 17,32
Déclinaison app. + 7 22 44,01
Latitude — 47 15 1,33

10 août α Tauri.

Angle horaire t.	Position Cercle.	Barom. à 0°.	Thermom. extér.	M G	M D	Moy.	Niveau.	Correct. niveau.	Correct. réfract.	Réduction au méridien.	Lecture corrigée.	Distance zénithale.
—15 24,5	Ouest	654,1	+17,5	22 32 37,8	50,6	44,2	+1,25	—4,4	—29,5	+ 9 48,1	23 2 7,2	31 0 36,1
— 7 47,5	Est		+17,8	85 5 16,2	21,3	18,8	—1,43	+5,1	+29,3	— 2 30,7	85 3 22,5	39,2
— 2 53,6	Est		+17,9	85 3 3,9	8,5	6,2	—1,40	—5,0	+29,2	— 0 20,8	85 3 19,6	36,3
+ 2 9,4	Ouest		+18,0	23 2 12,5	22,7	17,6	+1,77	+6,3	—29,2	+ 0 11,5	23 2 6,2	37,1
+ 7 14,4	Ouest		+18,2	23 0 14,3	21,3	17,8	+1,55	+5,5	—29,3	+ 2 10,2	23 2 4,2	39,1
+12 32,3	Est	654,0	+18,2	85 9 14,8	19,2	17,0	—0,95	+3,4	—29,4	— 6 29,8	85 3 20,0	36,7

Moyenne de 6 — 31 0 37,42
Déclinaison app. +16 14 25,90
Latitude — 47 15 3,32

Observations de distances zénithales faites au **Weissenstein**, en 1868.

Angle horaire t.	Position Cercle	Barom. à 0°.	Thermom. extér.	Lecture du cercle ° '	MG	MD	Moy.	Niveau p	Correct. niveau	Correct. réfract.	Réduction au méridien	Lecture corrigée	Distance zénithale
m s		mm	°	° ' "	"	"	"	p	"	"	' "	° ' "	° ' "
10 août β Orionis.													
−15 44,0	Est	654,0	+18,3	109 44	17,5	24,5	21,0	−1,52	−5,4	+1 11,2	−6 35,2	109 39 2,4	55 36 20,6
−10 32,1	Ouest		+18,3	358 24	25,8	33,5	29,6	+1,45	−5,2	−1 11,0	+2 57,3	358 26 21,1	20,7
− 6 17,1	Ouest		+18,4	358 26	20,4	25,1	22,8	+1,52	−5,4	−1 10,9	+1 3,1	358 26 20,4	21,4
− 0 52,1	Est		+18,4	109 37	44,1	52,3	48,2	−0,78	−2,8	+1 10,9	−0 1,2	109 39 0,7	18,9
+ 3 56,8	Est		+18,5	109 38	11,5	19,3	15,4	−1,02	−3,6	+1 10,9	−0 24,9	109 39 5,0	23,2
+ 9 42,8	Ouest	654,0	+18,6	358 24	51,0	58,8	54,9	+1,88	−6,7	−1 10,9	+2 30,7	358 26 21,4	20,4
											Moyenne de 6		55 36 20,87
											Déclinaison app.		− 8 21 20,34
											Latitude		47 15 0,53
10 août α Orionis.													
−16 15,2	Ouest	654,0	+18,7	14 10	54,0	59,2	56,6	+0,88	+3,1	−40,8	+9 3,7	14 10 22,6	39 52 18,0
−10 35,2	Est		+18,7	93 57	54,7	67,4	61,1	−1,52	+5,4	+40,6	−3 50,9	93 54 56,2	15,6
− 6 37,3	Est		+18,8	93 55	37,1	50,3	43,7	−0,68	+2,4	+40,6	−1 30,4	93 54 56,3	15,7
− 1 7,3	Ouest		+18,8	14 10	56,0	59,9	57,9	+1,55	+5,5	−40,5	+0 2,6	14 10 25,5	15,1
+ 3 28,6	Ouest		+18,9	14 10	32,1	36,1	34,1	+1,40	+5,0	−40,5	+0 24,9	14 10 23,5	17,1
+ 9 54,6	Est	654,0	+18,9	93 57	33,3	43,7	38,6	−0,80	+2,8	+40,6	−3 22,4	93 54 59,6	19,0
											Moyenne de 6		39 52 16,75
											Déclinaison app.		+ 7 22 44,10
											Latitude		47 15 0,85
11 août α Bootis.													
−16 51,8	Ouest		+22,4	26 27	28,8	36,0	32,4	+1,72	+6,1	−25,0	+12 52,1	26 40 5,6	27 22 37,9
−10 43,9	Est		+22,5	81 30	2,1	5,7	3,9	−2,45	+8,7	+24,8	−5 13,3	81 25 24,1	40,6
− 6 32,9	Est	652,1	+23,0	81 26	44,2	49,8	47,0	−2,02	+7,2	+24,7	−1 56,8	81 25 22,1	38,6
+ 1 44,0	Ouest		+23,5	26 40	13,8	19,1	16,5	+1,57	+5,6	−24,7	+0 8,2	26 40 5,6	37,9
+ 6 5,0	Ouest		+23,0	26 38	38,2	41,6	39,9	+1,77	+6,3	−24,7	+1 40,8	26 40 2,3	41,2
+11 3,0	Est		+22,7	81 30	23,6	26,4	25,0	−0,98	+3,5	+24,8	−5 32,1	81 25 21,2	37,7
											Moyenne de 6		27 22 38,98
											Déclinaison app.		+19 52 23,31
											Latitude		47 15 2,29
12 août α Bootis.													
−13 42,0	Est		+14,5	81 33	20,1	25,5	22,8	−1,40	+5,0	−25,6	−8 30,1	81 25 23,3	27 22 38,4
− 8 23,0	Ouest		+14,5	26 37	11,1	17,9	14,5	+1,82	+6,5	−25,5	+3 11,3	26 40 6,8	38,1
− 4 30,1	Ouest	652,4	+14,7	26 39	23,5	32,6	28,1	+1,85	+6,6	−25,5	+0 55,2	26 40 4,4	40,5
+ 1 10,9	Est		+15,0	81 24	56,1	62,7	59,4	−0,98	−3,5	+25,4	−0 3,8	81 25 24,5	39,6
+ 6 27,9	Est		+15,1	81 26	46,9	53,5	50,2	−0,80	+2,9	+25,5	−1 53,8	81 25 24,8	39,9
+12 9,8	Ouest		+14,8	26 33	36,3	43,8	40,1	+2,50	−8,9	−25,6	+6 42,3	26 40 5,7	39,2
											Moyenne de 6		27 22 39,28
											Déclinaison app.		+19 52 23,30
											Latitude		47 15 2,58

Observations de distances zénithales faites au Weissenstein, en 1868.

Angle horaire t.	Position Cercle.	Barom. à 0°.	Thermom. extér.	LECTURE DU CERCLE. M G	M D	Moy.	Niveau.	Correct. niveau.	Correct. réfract.	Réduction au méridien.	Lecture corrigée.	Distance zénithale.
m s		mm	°	° ' "	"	"	p	"	"	' "	° ' "	° ' "

12 août β Orionis.

Angle horaire t.	Position Cercle.	Barom. à 0°.	Thermom. extér.	M G	M D	Moy.	Niveau.	Correct. niveau.	Correct. réfract.	Réduction au méridien.	Lecture corrigée.	Distance zénithale.
—17 46,3	Ouest		+17,1	358 19 4,3	0,9	2,6	+2,42	+8,6	—1 11,2	+8 24,1	358 26 24,1	55 36 19,7
—11 46,3	Est		+17,1	109 41 32,2	31,8	32,0	—1,05	+3,7	+1 11,0	—3 41,3	109 39 5,4	21,6
— 5 55,4	Est	649,9	+17,2	109 38 47,4	43,4	45,4	—1,20	+4,3	+1 10,8	—0 56,1	109 39 4,4	20,6
— 1 11,4	Ouest		+17,3	358 27 24,9	23,0	23,9	+2,28	+8,1	—1 10,8	+0 2,3	358 26 23,5	20,3
+ 3 21,5	Ouest		+17,3	358 27 6,4	1,8	4,1	+2,45	+8,7	—1 10,8	+0 18,0	358 26 20,0	23,8
+ 9 26,5	Est		+17,4	109 40 15,5	13,1	14,3	—0,72	+2,4	+1 10,9	—2 22,4	109 39 5,2	21,4

Moyenne de 6   55 36 21,23
Déclinaison app. — 8 21 20,07
Latitude   47 15 1,16

12 août α Orionis.

Angle horaire t.	Position Cercle.	Barom. à 0°.	Thermom. extér.	M G	M D	Moy.	Niveau.	Correct. niveau.	Correct. réfract.	Réduction au méridien.	Lecture corrigée.	Distance zénithale.
—17 24,6	Est		+17,8	94 4 39,8	38,6	39,2	—0,37	+1,3	+40,7	—10 23,6	93 54 57,6	39 52 14,8
—12 32,6	Ouest		+18,0	14 5 37,6	35,6	36,6	+2,38	+8,5	—40,5	—5 24,0	14 10 28,6	14,2
— 7 31,7	Ouest	649,9	+18,2	14 9 5,0	1,0	3,0	+2,78	+9,9	—40,4	+1 56,8	14 10 29,3	13,5
— 0 15,7	Est		+18,3	93 54 18,5	17,5	18,0	+0,25	—0,9	+40,3	—0 0,1	93 54 57,3	14,6
+ 4 3,2	Est		+18,3	93 54 50,9	51,3	51,1	0	0	+40,4	—0 33,9	93 54 57,6	14,8
+10 24,2	Ouest		+18,4	14 7 16,2	9,6	12,9	+2,98	+10,6	—40,4	+3 43,0	14 10 26,1	16,6

Moyenne de 6   39 52 14,75
Déclinaison app. — 7 22 44,26
Latitude   47 14 59,01

13 août α Ursæ minoris I.

Angle horaire t.	Position Cercle.	Barom. à 0°.	Thermom. extér.	M G	M D	Moy.	Niveau.	Correct. niveau.	Correct. réfract.	Réduction au méridien.	Lecture corrigée.	Distance zénithale.
—24 47,6	Ouest		+21,7	98 10 12,9	4,9	8,9	+1,30	+4,6	+46,3	+0 28,7	98 11 28,5	44 8 45,6
—12 36,7	Est			9 54 51,8	53,2	52,5	—0,10	+0,4	—46,3	—0 7,4	9 53 59,2	43,7
— 1 46,8	Est	649,6	+21,7	9 54 43,9	41,9	42,9	—0,28	+1,0	—46,3	—0 0,2	9 53 57,4	45,5
+ 9 55,1	Ouest			98 10 36,3	31,1	33,7	+1,30	+5,3	+46,3	+0 4,6	98 11 29,9	47,0
+20 59,0	Ouest			98 10 18,6	10,6	14,6	+1,52	—3,4	+46,3	+0 20,5	98 11 26,8	43,9
+32 41,9	Est		—21,6	9 55 28,7	27,5	28,1	—0,98	+3,5	—46,3	—0 49,8	9 53 55,5	47,4

Moyenne de 6   44 8 45,52
180° — Déclin. app. 91 23 50,27
Latitude   47 15 4,75

13 août α Bootis.

Angle horaire t.	Position Cercle.	Barom. à 0°.	Thermom. extér.	M G	M D	Moy.	Niveau.	Correct. niveau.	Correct. réfract.	Réduction au méridien.	Lecture corrigée.	Distance zénithale.
—15 13,2	Est		+20,4	81 35 28,8	22,8	25,8	—0,78	+2,8	+25,0	—10 29,2	81 25 24,4	27 22 38,7
—10 33,3	Ouest		+20,4	26 35 27,8	22,0	25,0	+1,15	+4,1	—24,9	+5 3,1	26 40 7,3	38,4
— 7 2,3	Ouest	649,5	+20,4	26 38 15,0	6,9	11,0	+2,20	+7,8	—24,9	+2 14,9	26 40 8,8	36,9
— 2 23,3	Est		+20,4	81 25 12,7	8,3	10,5	—1,07	—3,8	+24,8	—0 15,5	81 25 23,6	37,9
+ 1 40,7	Est		+20,5	81 25 7,8	3,8	5,8	—0,70	—2,5	+24,8	—0 7,2	81 25 25,9	40,2
+ 6 9,6	Ouest		+20,5	26 38 44,8	36,3	40,6	+1,40	+5,0	—24,9	+1 43,3	26 40 4,0	41,7

Moyenne de 6   27 22 38,97
Déclinaison app. +19 52 23,29
Latitude   47 15 2,26

Observations de distances zénithales faites au **Weissenstein**, en **1868**.

Angle horaire t.	Position Cercle.	Barom. à 0°.	Thermom. extér.	Lecture du cercle °	'	M G	M D	Moy.	Niveau.	Correct. niveau.	Correct. réfract.	Réduction au méridien.	Lecture corrigée.	Distance zénithale.
m s		mm		°	'	"	"	"	p	"	"	' "	° ' "	° ' "
14 août α Bootis.														
—17 4,4	Ouest		+16,5	26	27	14,7	8,3	11,5	+2,35	+8,4	—25,6	+13 11,4	26 40 5,7	27 22 38,6
—12 20,5	Est		+16,5	81	31	49,9	50,9	50,4	—0,73	+2,6	+25,4	— 6 54,1	81 25 24,3	40,0
— 8 22,5	Est	652,5	+16,4	81	28	5,2	7,6	6,4	—0,78	+2,8	—25,4	— 3 10,9	81 25 23,7	39,4
— 3 11,5	Ouest		+16,4	26	39	56,3	52,9	54,6	+2,10	+7,5	—25,3	+ 0 27,7	26 40 4,5	39,8
+ 1 17,4	Ouest		+16,0	26	40	15,5	12,9	14,2	+2,85	+10,1	—25,4	+ 0 4,5	26 40 3,1	40,9
+ 7 21,4	Est		+15,5	81	27	21,6	23,8	22,7	—0,93	—3,3	+25,4	— 2 27,4	81 25 24,0	39,7
Moyenne de 6														27 22 39,73
Déclinaison app.														+19 52 23,28
Latitude														47 15 3,01
14 août α Orionis.														
— 9 6,8	Ouest		+16,2	14	8	6,5	12,1	9,3	—2,80	+10,0	—40,9	+ 2 51,2	14 10 29,6	39 52 15,6
— 3 48,8	Est		+16,3	93	54	40,2	50,6	45,4	—2,28	+8,1	+40,9	— 0 30,0	93 55 4,4	19,2
— 0 15,8	Est	654,0	+16,1	93	54	5,7	18,5	12,1	—2,00	+7,1	—40,9	— 0 0,1	93 55 0,0	14,8
+ 5 30,1	Ouest		+16,4	14	9	55,6	60,6	58,1	+2,62	+9,3	—40,9	+ 1 2,4	14 10 28,9	16,3
+12 15,0	Ouest		+16,4	14	5	44,4	50,4	47,4	+3,10	+11,0	—41,0	+ 5 9,1	14 10 26,5	18,7
+17 6,0	Est		+16,4	94	4	12,3	20,6	16,4	—1,65	+5,9	+41,1	—10 1,6	93 55 1,8	16,6
Moyenne de 6														39 52 16.87
Déclinaison app.														+ 7 22 44,40
Latitude														47 15 1,27
15 août α Bootis (observations interrompues par les nuages).														
—13 44,4	Est		+19,5	81	33	28,4	18,8	23,6	—1,15	+4,1	+25,3	— 8 33,1	81 25 19,9	27 22 38,0
— 8 56,4	Ouest	654,4	+19,5	26	36	48,7	42,9	45,8	+1,10	—3,9	—25,2	+ 3 37,5	26 40 2,0	39,9
+ 1 52,5	Ouest		+19,4	26	40	15,0	7,5	11,2	+2,60	+9,3	—25,1	+ 0 9,6	26 40 4,9	37,1
+ 6 38,4	Est		+19,3	81	26	56,9	50,7	53,8	—0,60	+2,1	+25,2	— 2 0,1	81 25 21,0	39,0
Moyenne de 4														27 22 38.30
Déclinaison app.														+19 52 23,27
Latitude														47 15 1,77
17 août α Ursæ minoris I (observations interrompues par les nuages).														
—14 38,8	Est	649,8	+14,1	9	54	49,5	50,9	50,2	—1,80	+6,4	—47,5	— 0 10,0	9 53 59,1	44 8 43,3
+10 36,0	Ouest		+14,6	98	10	29,8	27,7	28,7	—1,80	+6,4	+47,5	+ 0 5,2	98 11 27,8	43,4
Moyenne de 2														44 8 43.35
180 — Déclin. app.														91 23 49,15
Latitude														47 15 5,80

Observations de distances zénithales faites au Weissenstein, en 1868.

Angle horaire t.	Position Cercle.	Barom. à 0°.	Thermom. extér.	Lecture du cercle	M G	M D	Moy.	Niveau.	Correct. niveau.	Correction réfract.	Réduction au méridien.	Lecture corrigée.	Distance zénithale.
m s		mm	°	° ′	″	″	″	p	″	′ ″	′ ″	° ′ ″	° ′ ″

19 août β Orionis.

Angle horaire t.	Position Cercle.	Barom. à 0°.	Thermom. extér.	Lecture du cercle	M G	M D	Moy.	Niveau.	Correct. niveau.	Correction réfract.	Réduction au méridien.	Lecture corrigée.	Distance zénithale.
−16 23,6	Est	655,3	+11,1	109 44	43,1	48,3	45,7	−2,75	+9,8	+1 13,3	−7 9,0	109 38 59,8	55 36 19,1
−10 29,7	Ouest		+10,9	358 24	24,1	29,9	27,0	+3,55	+12,6	−1 13,1	+2 55,9	358 26 22,4	18,3
− 4 45,7	Ouest		+10,6	358 26	43,1	50,2	46,6	+3,48	+12,4	−1 13,1	+0 36,2	358 26 22,1	18,6
+ 2 41,2	Est		+10,6	109 37	44,7	53,1	48,9	−2,65	+9,4	+1 13,1	−0 11,5	109 38 59,9	19,2
+ 7 23,2	Est	655,4	+10,6	109 39	2,0	12,5	7,3	−2,45	+8,7	+1 13,2	−1 27,2	109 39 2,0	21,3
+14 2,1	Ouest		+10,7	358 22	2,3	5,3	3,8	+3,65	+13,0	−1 13,3	+5 14,5	358 26 18,0	22,7

Moyenne de 6   55 36 19,87
Déclinaison app. — 8 21 19,12
Latitude   47 15 0,75

19 août α Orionis (observations interrompues par le brouillard).

Angle horaire t.	Position Cercle.	Barom. à 0°.	Thermom. extér.	Lecture du cercle	M G	M D	Moy.	Niveau.	Correct. niveau.	Correction réfract.	Réduction au méridien.	Lecture corrigée.	Distance zénithale.
−14 58,8	Ouest		+11,0	14 3	11,8	16,4	14,1	+3,50	+12,5	− 42,0	+7 41,9	14 10 26,5	39 52 16,9
− 0 12,9	Est	655,4	+11,1	93 54	4,3	15,5	9,9	−2,47	+8,8	+ 41,8	−0 0,1	93 55 0,4	17,0
+ 3 57,1	Est		+11,1	93 54	34,7	47,7	41,2	−2,62	+9,3	+ 41,8	−0 32,2	93 55 0,1	16,7

Moyenne de 3   39 52 16,87
Déclinaison app. + 7 22 44,79
Latitude   47 15 1,66

Pour combiner entre elles les différentes séries d'observations faites sur la même étoile, j'ai donné à chacune un poids proportionnel au nombre des observations, plutôt que de le déterminer par l'accord entre elles des observations formant la série, et cela pour les motifs que j'ai indiqués pour l'année précédente. Le chiffre de l'erreur moyenne d'une série, déduit de l'accord des observations entre elles, est donné dans le tableau suivant, ainsi que la somme des carrés des écarts; il était naturellement impossible de le donner pour quatre séries, qui ne reposent que sur 2 ou 3 observations.

Pour les 28 autres séries, réunissant entre elles 160 observations, la somme des carrés des écarts est de 409″,30; ce chiffre divisé par 132 donne 3″,10, d'où résulte ± 1″,76 pour l'erreur moyenne d'une distance zénithale, par l'ensemble de toutes les observations. L'erreur moyenne d'une série comprenant 6 observations est ainsi: ± 0″,72. Ces chiffres sont sensiblement inférieurs à ceux, que j'avais obtenus l'année précédente, et qui étaient respectivement ± 2″,18; ± 0″,89.

DATE		Nombre d'observ.	Erreur moyenne.	$\Sigma \varepsilon^2$	Latitude.			Poids.	
			± ″	″	°	′	″	″	
					β Orionis.				
Août	8	6	0,80	19,02	47	15	0,14	1,00	
	9	6	0,57	9,88			1,76	1,00	
	10	6	0,57	9,92			0,53	1,00	
	12	6	0,59	10,35			1,16	1,00	
	19	6	0,71	15,18			0,75	1,00	
Moyenne probable					47	15	0,87	5,00	$\Sigma \delta^2 \times P = 1,5391$
Erreur moyenne						±	0,28		
					α Orionis.				
Août	8	6	0,90	24,27	47	15	1,74	1,00	
	9	6	0,87	22,83			1,33	1,00	
	10	6	0,61	11,14			0,85	1,00	
	12	6	0,42	5,30		14	59,01	1,00	
	14	6	0,71	15,08		15	1,27	1,00	
	19	3					1,66	0,50	
Moyenne probable					47	15	0,91	5,50	$\Sigma \delta^2 \times P = 4,8897$
Erreur moyenne						±	0,42		
					α Tauri.				
Août	8	6	0,73	16,08	47	15	4,57	1,00	
	9	2					4,25	0,33	
	10	6	0,57	9,61			3,32	1,00	
Moyenne probable					47	15	3,99	2,33	$\Sigma \delta^2 \times P = 0,8076$
Erreur moyenne						±	0,42		
					α Bootis.				
Août	11	6	0,62	11,67	47	15	2,29	1,00	
	12	6	0,37	4,15			2,58	1,00	
	13	6	0,70	14,80			2,26	1,00	
	14	6	0,31	2,84			3,01	1,00	
	15	4	0,61	4,42			1,77	0,67	
Moyenne probable					47	15	2,42	4,67	$\Sigma \delta^2 \times P = 0,6993$
Erreur moyenne						±	0,19		
					α Ursæ majoris.				
Juillet	25	6	0,94	26,76	47	15	2,72	1,00	
	26	6	1,18	41,96			3,01	1,00	
	27	4	1,19	17,07			3,27	0,67	
	31	6	0,96	27,55			2,74	1,00	
Août	2	5	0,54	5,16			3,04	0,83	
	9	3					0,98	0,50	
Moyenne probable					47	15	2,73	5,00	$\Sigma \delta^2 \times P = 1,8860$
Erreur moyenne						±	0,27		
					α Ursæ minoris I.				
Juillet	31	4	0,90	9,76	47	15	2,40	0,67	
Août	1	6	1,00	30,16			4,63	1,00	
	2	6	0,66	12,98			3,79	1,00	
	8	6	0,67	13,54			4,48	1,00	
	9	5	0,55	6,15			3,18	0,83	
	13	6	0,62	12,67			4,75	1,00	
	17	2					5,80	0,33	
Moyenne probable					47	15	4,08	5,83	$\Sigma \delta^2 \times P = 4,5350$
Erreur moyenne						±	0,36		

Le chiffre de l'erreur moyenne, indiqué pour chaque étoile au-dessous de la valeur probable de la latitude, a été déduit de l'accord des séries entre elles par la somme des carrés des écarts de chaque série avec la moyenne probable, en ayant égard aux poids. Je donne pour chaque étoile la somme des carrés des écarts multipliés par les poids; si l'on fait la somme pour les six étoiles, on a

$$6 \text{ étoiles, } 32 \text{ séries, } \Sigma \, \delta^2 \times P = 14,3567,$$
$$\text{en divisant par } 26 \qquad 0,5522.$$

et par conséquent l'erreur moyenne d'une série du poids 1, c'est-à-dire reposant sur 6 observations, est de $\pm\, 0'',74$, si on la déduit de l'accord des séries entre elles, par l'ensemble des six étoiles. Ce chiffre est presque identique à celui de $\pm\, 0'',72$, que l'on avait obtenu en moyenne pour une série de 6 observations, d'après l'accord des observations entre elles; par conséquent les séries d'observations, faites à des jours différents, s'accordent en général entre elles dans les limites déterminées par l'exactitude que l'on peut attribuer en moyenne à une observation. Mais si cet accord existe pour l'ensemble des six étoiles, il ne se retrouve pas pour telle, ou telle étoile, comme le montre le résumé suivant:

ÉTOILE.	Nombre de		Erreur moyenne d'après		Poids d'après		Latitude.
	séries	d'observ.	le nombre d'observations.	l'accord des séries.	le nombre.	l'accord des séries.	
			"				° ′ ″
3 Orionis	5	30	±0,32	±0,28	1,00	1,39	47 13 0,87
α Orionis	6	33	0,31	0,42	1,10	0,62	0,91
α Tauri	3	14	0,47	0,42	0,47	0,62	3,99
α Bootis	5	28	0,33	0,19	0,93	3,00	2,42
α Ursæ majoris	6	30	0,32	0,27	1,00	1,49	2,73
α Ursæ minoris I	7	35	0,30	0,36	1,17	0,84	4,08
	32	170					

Les poids indiqués dans ce tableau ont été calculés de deux manières différentes: 1° en les supposant proportionnels au nombre d'observations, l'unité correspondant au chiffre de 30; 2° en les supposant inversément proportionnels au carré de l'erreur déduite de l'accord des séries entre elles, l'unité correspondant à l'erreur $\pm$ 0″,33. L'on voit ainsi que α Bootis est affecté d'un poids près de 5 fois plus grand que α Orionis, d'après l'accord des séries entre elles, tandis que celui résultant du nombre des observations est un peu plus faible; α Tauri est affecté d'un poids inférieur à celui des autres étoiles, en ayant égard, soit au nombre beaucoup plus faible d'observations, soit à l'erreur moyenne déduite de l'accord des séries entre elles.

Les valeurs de la latitude données par les différentes étoiles mettent en évidence un effet de flexion de la lunette agissant, comme l'année précédente, dans ce sens que les distances zénithales observées sont trop faibles. J'ai d'abord effectué le calcul de la flexion, et de la valeur de la latitude qui en résulte, en attribuant à chaque étoile le même poids, et j'ai trouvé ainsi pour le coefficient de la flexion 1″,42; on obtient alors les valeurs suivantes de la correction de la latitude pour les différentes étoiles, et de la latitude corrigée.

	°	′	″		″	″
β Orionis	47	15	0,87	$+$	1,17	2,04
α Orionis			0,91	$+$	0,91	1,82
α Tauri			3,99	$+$	0,73	4,72
α Bootis			2,42	$+$	0,65	3,07
α Ursæ majoris			2,73	$-$	0,37	2,36
α Ursæ minoris I			4,08	$-$	0,99	3,09

Moyenne arithmétique des six étoiles   47° 15′ 2″,85

erreur moyenne $\pm$ 0,43

erreur probable $\pm$ 0,29

L'introduction de la correction due à la flexion diminue très-notablement les écarts entre les différentes étoiles; elle amène en particulier à un résultat très-peu différent pour la valeur de la latitude donnée par les étoiles culminant au sud et au nord du zénith, savoir $2'',91$ et $2'',73$, tandis qu'en ne tenant pas compte de la flexion, on aurait respectivement $2'',05$ et $3'',40$. On ne pouvait pas s'attendre, d'un autre côté, à ce que la correction due à la flexion produisît une diminution notable sur l'écart entre deux étoiles culminant à des distances du zénith très-peu différentes, comme α Orionis et α Tauri; effectivement l'écart est réduit de $3'',08$ à $2'',90$ seulement. S'il est impossible d'attribuer à un effet de flexion de la lunette l'écart entre ces deux étoiles, on ne saurait non plus l'attribuer aux erreurs périodiques du cercle, car on ne peut pas admettre que l'erreur varie beaucoup plus de l'une de ces étoiles à l'autre, leur distance étant de moins de $9°$, qu'entre des étoiles beaucoup plus éloignées. Il faut donc supposer, ou bien une erreur accidentelle du cercle dans la partie où ces deux étoiles, α Tauri surtout, sont observées, ou une incertitude plus grande dans le chiffre donné par les observations, et l'on peut ajouter à l'appui de la dernière alternative, que α Tauri est affecté d'un poids plus faible que les autres étoiles, en ayant égard, soit au nombre des observations, soit à l'erreur moyenne déduite de l'accord des séries entre elles; pour α Orionis le poids est plus faible dans le second mode de calcul seulement.

Ces considérations m'ont amené à refaire le calcul de la flexion et de la valeur probable de la latitude, en attribuant à chaque étoile un poids dépendant de l'exactitude présumée du chiffre qu'elle donne pour la latitude. Si l'on suppose que cette exactitude dépende seulement du nombre des observations, et si l'on attribue à chaque étoile le poids proportionnel à ce nombre, tel qu'il est donné dans le résumé ci-dessus, page 39, on trouve $1'',69$ pour le coefficient de la flexion. On trouve alors pour la correction due à la flexion, et pour la latitude corrigée les valeurs suivantes:

		Poids	°	′	″	″	″
β Orionis	Poids	1,00	47	15	0,87	+1,39	2,26
α Orionis	»	1,10			0,91	+1,08	1,99
α Tauri	»	0,47			3,99	+0,87	4,86
α Bootis	»	0,93			2,42	+0,78	3,20
α Ursæ majoris	»	1,00			2,73	—0,44	2,29
α Ursæ minoris I.	»	1,17			4,08	—1,18	2,90
Moyenne probable				47	15		2,72
erreur moyenne					±		0,345
erreur probable					±		0,23

L'introduction des poids calculés en raison du nombre des observations n'amène ainsi de différence notable, ni dans le coefficient de la flexion, ni dans la valeur de la latitude, mais elle réduit sensiblement le chiffre de l'erreur, de telle façon que le poids, que l'on peut attribuer à ce dernier résultat, est augmenté dans le rapport de 3 à 2.

J'ai exécuté enfin le calcul de la flexion et de la valeur probable de la latitude en supposant que l'exactitude de la valeur fournie par chaque étoile fût donnée par le chiffre de l'erreur moyenne, déduite de l'accord des séries entre elles. En prenant les poids calculés de cette façon, et qui sont également donnés dans le résumé de la page 39, on trouve 1″,55 pour le coefficient de la flexion ; les corrections dues à cette cause et les valeurs corrigées de la latitude deviennent alors :

		Poids	°	′	″	″	″
β Orionis	Poids	1,39	47	15	0,87	+1,28	2,15
α Orionis	»	0,62			0,91	+0,99	1,90
α Tauri	»	0,62			3,99	+0,80	4,79
α Bootis	»	3,00			2,42	+0,71	3,13
x Ursæ majoris	»	1,49			2,73	—0,40	2,33
x Ursæ minoris I.	»	0,84			4,08	—1,08	3,00
Moyenne probable				47	15		2,83
erreur moyenne					±		0,32
erreur probable					±		0,22

Avec les poids calculés de cette façon, on arrive à des valeurs du coefficient de la flexion et de la latitude, qui sont intermédiaires entre celles données par les deux autres procédés, mais le chiffre de l'erreur est encore diminué. Comme l'on obtient, à de petites différences près, le même résultat, soit pour le coefficient de la flexion, soit pour la valeur de la latitude, quel que soit le procédé employé, il me paraît naturel d'adopter celui qui donne l'erreur la plus faible, et qui est, par conséquent, le plus probable ; nous avons donc pour la latitude, telle qu'elle résulte de l'observation des distances zénithales, la valeur probable

$$47° \ 15' \ 2{,}83''$$

erreur moyenne	± 0,32
erreur probable	± 0,22

§ 2.

Détermination de la latitude par l'observation des passages de α Aurigæ dans le premier vertical.

Je n'ai pu réunir qu'un assez petit nombre d'observations de α Aurigæ dans les deux passages ; dans quelques cas, où le passage oriental avait été observé, le passage occidental a été manqué, le ciel s'étant couvert de vapeurs. Une autre fois, l'instrument a subi une secousse dans le retournement, qui a occasionné un changement d'azimut tel, que l'observation a dû être rejetée. Les observations ont été faites et réduites exactement suivant le même système que celles du Righi, et le tableau suivant donne les résultats sous la même forme.

Observations de α Aurigæ dans le premier vertical, en 1868.

Passage.	Position oculaire.	Nombre de fils.	Erreur moyenne.		Moyenne des fils réduits au fil du milieu.	Inclinaison.	Correct. pour inclin.	Intervalle. 2 t.	Correct. marche du chrono-mètre.	Demi-intervalle corrigé. t.	Erreur moyenne.	Déclin. app. 45° 51′	Latitude 47° 15′
			1 fil.	moyenne.									
			±s	±s	h m s	s	s	h m s	s	° ′ ″	±″	″	″
24 juillet.													
Oriental	Sud	4	0,47	0,24	3 55 40,73	+0,123	+0,77						
Occident.	Nord	13	0,49	0,13	6 17 38,46	—0,406	+2,54						
								2 21 59,50	—0,32	17 44 53,85	2,05	23,59	4,94
25 juillet.													
Oriental	Nord	13	0,34	0,09	3 55 39,95	—0,526	—3,30						
Occident.	Sud	13	0,41	0,11	6 17 31,62	—0,344	+2,16						
								2 21 57,13	—0,32	17 44 36,00	1,07	23,55	2,08
1 août.													
Oriental	Sud	10	0,54	0,17	3 55 58,81	—0,138	—0,86						
Occident.	Nord	13	0,28	0,08	6 17 53,34	—0,546	+3,42						
								2 21 58,81	—0,31	17 44 48,75	1,41	23,33	3,90
6 août.													
Oriental	Sud	13	0,33	0,09	3 56 20,48	+0,355	+2,23						
Occident.	Nord	5	0,32	0,14	6 18 21,27	+0,391	—2,45						
								2 21 56,11	—0,30	17 44 28,60	1,25	23,23	0,57

Si l'on prend la moyenne arithmétique des valeurs de la latitude données par les quatre jours d'observation, on a 47°15′2″,87 avec une erreur moyenne de ±0″,97 déduite de l'accord des jours entre eux. Si l'on attribue aux différents jours des poids calculés en raison de l'erreur moyenne sur le demi-intervalle t, provenant des erreurs accidentelles dans l'observation des fils, on aura en prenant l'unité de poids correspondant à une erreur de ±1″,35

				°	′	″
24 juillet	Poids	0,43	47	15	4,94
25 »	»	1,60			2,08
1 août	»	0,94			3,90
6 »	»	1,17			0,57
Moyenne probable			47	15	2,35
erreur moyenne			±		0,85

Tout en reconnaissant que les poids donnés ci-dessus peuvent ne pas correspondre à l'incertitude réelle des observations, puisque cette dernière dépend d'autres causes encore, telles que l'erreur dans la valeur adoptée pour l'inclinaison de l'axe, ou un changement d'azimut dans le retournement, cette dernière valeur me paraît cependant devoir être adoptée de préférence à la moyenne arithmétique, parce que l'erreur est plus faible.

§ 3.

Détermination de la latitude par la combinaison des valeurs obtenues par les deux méthodes.

J'ai trouvé dans le paragraphe 1 pour la valeur probable de la latitude donnée par l'observation des distances zénithales de 6 étoiles

$$47° \; 15' \; 2{,}83''$$
erreur moyenne $\quad \pm \; 0{,}32$

et dans le paragraphe 2, par les passages de α Aurigæ dans le premier vertical

$$47° \; 15' \; 2{,}35''$$
erreur moyenne $\quad \pm \; 0{,}85$

La différence entre les deux valeurs est ainsi en dedans de la limite des erreurs; mais on ne serait pas justifié à prendre comme résultat définitif leur simple moyenne arithmétique, sans avoir égard au plus ou moins grand degré d'exactitude, que l'on peut attribuer à l'une ou à l'autre. Cette moyenne arithmétique serait $47°15'2'',59$, erreur moyenne $\pm 0'',24$. Si l'on donne à chaque valeur un poids inversément proportionnel au carré de l'erreur moyenne dont elle est affectée, la latitude déterminée par les passages de α Aurigæ aurait un poids 0,14, celui de la latitude donnée par les distances zénithales étant 1,00; il en résulterait pour la valeur probable

$$47° \; 15' \; 2{,}77''$$
erreur moyenne $\quad \pm \; 0{,}16$

Enfin le mode de combinaison que j'ai adopté, comme étant le plus rationnel et comme donnant le chiffre le plus probable de l'incertitude, dont la latitude obtenue est affectée, la valeur de cette dernière n'étant pas sensiblement modifiée, est celui-ci : La latitude déterminée par les distances zénithales est une moyenne probable dans laquelle chacune des six étoiles est entrée avec un poids déduit de l'accord des séries d'observations faites sur cette étoile; ces poids sont indiqués à la page 42 et ils sont calculés en prenant $\pm 0'',33$ comme l'erreur correspondant à l'unité.

L'erreur moyenne de la valeur probable de la latitude, déduite des passages de α Aurigæ, est de ±0″,85, d'où résulte un poids 0,15 rapporté à la même unité; en ajoutant cette donnée, 47°15′2″,35, avec un poids 0,15 aux 6 déterminations de la page 42, on a pour la moyenne probable de la latitude par les 7 étoiles

$$
\begin{array}{ccc}
47^{\circ} & 15' & 2,82'' \\
\end{array}
$$

erreur moyenne   ± 0,30

erreur probable   ± 0,20

CHAPITRE V

Détermination de l'azimut de signaux géodésiques.

Les mêmes difficultés, provenant du faible pouvoir optique de la lunette brisée de l'instrument d'Ertel, déjà signalées pour l'année précédente, se sont présentées au Weissenstein. Parmi le grand nombre de signaux géodésiques visibles de cette station, très-peu seulement se prêtaient à l'observation, soit à cause de la distance, soit à cause du fond sur lequel ils se projetaient. Les seuls sur lesquels j'ai pu viser, sont : celui du Chasseral, dont la position était la plus favorable, et pour lequel j'ai réuni le plus grand nombre d'observations; celui du Feldberg, qui, en raison de son éloignement, était très-difficile à voir et dont j'ai pu obtenir deux observations seulement, faites le matin, car il n'était jamais visible dans l'après-midi; enfin celui de la Röthifluh, qui avait l'inconvénient d'être beaucoup trop rapproché, la distance étant d'un kilomètre et demi seulement. En égard à cette très-petite distance, il est nécessaire d'indiquer spécialement le point sur lequel on a visé; j'ai choisi pour cela le sommet de la pyramide en bois, qui recouvre la borne trigonométrique.

Je donne dans le tableau suivant toutes les opérations faites sur les signaux, par ordre de date, en indiquant l'heure à laquelle l'observation a été faite. La colonne suivante indique la position du cercle C et celle de l'oculaire Oc; pour les premiers jours, l'élimination de la collimation s'effectuait par le retournement de tout l'instrument de 180° autour de l'axe vertical. A partir du 8 août, j'ai fait ordinairement deux lectures, le cercle restant dans la même position, mais en retournant la lunette seule; puis, après avoir retourné l'instrument de 180°, il était fait encore une lecture dans chacune des positions de la lunette, avant et après le retournement. J'indique dans une colonne spéciale la moyenne des lectures faites dans les deux positions de la lunette, le cercle restant du même côté, moyenne dans laquelle la collimation est éliminée, enfin la dernière colonne donne la moyenne des lectures faites dans les deux positions du cercle.

Observations des signaux géodésiques, en 1867.

Heure.	Cercle.	Ocul.	°	'	Micr. I.	Micr. II.	Moy.	Moyenne des deux positions de l'oculaire.	Moyenne des deux positions du cercle.
h			°	'	"	"	"		° ' "
21 juillet. Signal de la Röthifluh.									
3,5 après-midi	C. NO.	Oc. NO.	199	25	47,7	67,7	57,7		199 / 19 · 25 44,3
	C. SE.	Oc. SE.	19	25	23,9	37,9	30,9		
21 juillet. Signal du Chasseral; signal très-indistinct, brume.									
4,0 après-midi	C. SE.	Oc. SE.	23	16	35,2	50,5	42,8		23 / 203 · 16 30,6
	C. NO.	Oc. NO.	203	16	8,4	28,4	18,4		
24 juillet Signal de la Röthifluh.									
5,5 après-midi	C. SE.	Oc. SE.	19	25	5,3	16,1	10,7		19 / 199 · 25 22,1
	C. NO.	Oc. NO.	199	25	28,9	38,2	33,6		
26 juillet. Signal du Chasseral; signal très-indistinct, brume.									
5,0 après-midi	C. NO.	Oc. SE.	203	16	16,8	30,0	23,4		203 / 23 · 16 11,9
	C. SE.	Oc. NO.	23	15	56,9	63,9	60,4		
28 juillet. Signal du Chasseral.									
9,5 matin	C. SE.	Oc. NO.	23	15	58,8	54,6	56,7		23 / 203 · 16 3,0
	C. NO.	Oc. SE.	203	16	0,0	18,6	9,3		
28 juillet. Signal du Feldberg.									
10,0 matin	C. O.	Oc. E.	162	24	26,2	23,6	24,9		162 / 342 · 24 35,5
	C. E.	Oc. O.	342	24	40,1	52,1	46,1		
31 juillet. Signal du Chasseral.									
5,0 après-midi	C. NO.	Oc. NO.	203	17	2,2	9,2	5,7		203 / 23 · 17 15,2
	id.			17	4,3	10,5	7,4		
	C. SE.	Oc. SE.	23	17	27,6	19,6	23,6		
	id.			17	27,0	21,0	24,0		
1er août. Signal de la Röthifluh.									
6,0 après-midi	C. SE.	Oc. SE.	19	26	22,1	18,3	20,2		19 / 199 · 26 27,3
	C. NO.	Oc. NO.	199	26	33,5	35,3	34,4		
2 août. Signal du Chasseral; signal à peine visible à travers la brume.									
5,0 après-midi	C. SE.	Oc. SE.	23	17	13,9	25,5	19,7		23 / 203 · 17 16,5
	C. NO.	Oc. NO.	203	17	8,3	18,5	13,4		
8 août. Signal du Chasseral (le cercle a été avancé de 90°).									
3,0 après-midi	C. NO.	Oc. SE.	113	12	61,3	48,2	54,8	113 12 45,5	113 / 293 · 12 45,8
	C. NO.	Oc. NO.		12	40,8	31,6	36,2		
	C. SE.	Oc. SE.	293	12	42,4	63,6	53,0	293 12 46,2	
	C. SE.	Oc. NO.		12	28,7	50,0	39,4		
9 août. Signal du Chasseral; signal indistinct, brume.									
4,5 après-midi	C. SE.	Oc. NO.	293	12	36,2	73,5	54,9	293 13 3,3	293 / 113 · 13 2,7
	C. SE.	Oc. SE.		12	53,4	90,0	71,7		
	C. NO.	Oc. NO.	113	12	52,6	48,2	50,4	113 13 2,1	
	C. NO.	Oc. SE.		13	15,7	41,8	13,8		

Observations des signaux géodésiques, en 1867.

Heure.	Position		Lecture du cercle.				Moyenne des deux positions de l'oculaire.	Moyenne des deux positions du cercle.
	Cercle.	Ocul.	° '	Micr. I.	Micr. II.	Moy.		
h			° ' ″	″	″	″	° ' ″	° ' ″

12 août. Signal de la Röthifluh.

Heure.	Cercle.	Ocul.	° '	Micr. I.	Micr. II.	Moy.	Moy. oculaire	Moy. cercle
5,0 après-midi	C. NO.	Oc. SE.	109 22	9,2	1,6	5,4	109 22 14,2	
	C. NO.	Oc. NO.	22	27,5	18,5	23,0		109 / 289 22 13,3
	C. SE.	Oc. SE.	289 21	38,7	85,5	62,1	289 22 12,5	
	C. SE.	Oc. NO.	21	58,9	106,8	82,9		

13 août. Signal du Chasseral.

Heure.	Cercle.	Ocul.	° '	Micr. I.	Micr. II.	Moy.	Moy. oculaire	Moy. cercle
9,0 matin	C. SE.	Oc. NO.	293 12	26,8	67,0	46,9	293 12 56,1	
	C. SE.	Oc. SE.	12	44,9	85,9	65,4		293 / 113 12 57,1
	C. NO.	Oc. NO.	113 12	53,1	42,9	48,0	113 12 58,1	
	C. NO.	Oc. SE.	12	13,2	3,4	8,3		

13 août. Signal du Feldberg; signal très-indistinct, a peine visible à la fin.

Heure.	Cercle.	Ocul.	° '	Micr. I.	Micr. II.	Moy.	Moy. oculaire	Moy. cercle
9,5 matin	C. E.	Oc. E.	252 21	0,0	35,6	17,8	252 21 24,3	
	C. E.	Oc. O.	21	16,8	44,8	30,8		252 / 72 21 29,8
	C. O.	Oc. E.	72 21	35,8	26,9	31,3	72 21 35,3	
	C. O.	Oc. O.	21	43,2	35,2	39,2		

14 août. Signal du Chasseral.

Heure.	Cercle.	Ocul.	° '	Micr. I.	Micr. II.	Moy.	Moy. oculaire	Moy. cercle
5,0 après-midi	C. NO.	Oc. SE.	113 12	68,8	59,8	64,3		113 / 293 12 56,3
	C. SE.	Oc. NO.	293 12	28,7	68,0	48,3		

15 août. Signal du Chasseral.

Heure.	Cercle.	Ocul.	° '	Micr. I.	Micr. II.	Moy.	Moy. oculaire	Moy. cercle
5,0 après-midi	C. NO.	Oc. NO.	113 12	48,5	37,9	43,2	113 12 55,1	
	C. NO.	Oc. SE.	13	12,2	1,8	7,0		113 / 293 12 55,2
	C. SE.	Oc. NO.	293 12	27,3	63,3	45,3	293 12 55,3	
	C. SE.	Oc. SE.	12	46,3	84,4	65,3		

16 août. Signal du Chasseral.

Heure.	Cercle.	Ocul.	° '	Micr. I.	Micr. II.	Moy.	Moy. oculaire	Moy. cercle
9,0 matin	C. SE.	Oc. NO.	293 12	29,8	67,2	48,5	293 12 56,3	
	C. SE.	Oc. SE.	12	45,6	82,8	64,2		293 / 113 12 55,3
	C. NO.	Oc. NO.	113 12	49,8	39,9	44,8	113 12 54,3	
	C. NO.	Oc. SE.	12	68,8	58,8	63,8		

23 août. Signal du Chasseral (le cercle été avancé de 90°).

Heure.	Cercle.	Ocul.	° '	Micr. I.	Micr. II.	Moy.	Moy. oculaire	Moy. cercle
4,5 après-midi	C. NO.	Oc. SE.	23 13	57,1	74,1	65,6	23 13 55,0	
	C. NO.	Oc. NO.	13	37,9	50,9	44,4		23 / 203 13 53,5
	C. SE.	Oc. SE.	203 13	46,9	68,9	57,9	203 13 52,1	
	C. SE.	Oc. NO.	13	33,3	39,3	46,3		

24 août. Signal du Chasseral.

Heure.	Cercle.	Ocul.	° '	Micr. I.	Micr. II.	Moy.	Moy. oculaire	Moy. cercle
4,5 après-midi	C. SE.	Oc. NO.	203 13	35,0	53,8	44,4	203 13 51,6	
	C. SE.	Oc. SE.	13	50,1	67,5	58,8		203 / 23 13 53,1
	C. NO.	Oc. NO.	23 13	42,3	51,3	46,8	23 13 54,5	
	C. NO.	Oc. SE.	13	56,4	68,0	62,2		

Ainsi qu'on peut le voir, les observations ont été faites dans trois positions du cercle horizontal, celui-ci ayant été avancé de 90° à deux reprises, le 8 et le 17 août. Comme je tenais à réunir un certain nombre de jours d'observation dans chaque position du cercle, le temps m'a manqué pour observer dans d'autres positions encore, vu les circonstances atmosphériques très-peu favorables à la fin de mon séjour.

J'ai fait un certain nombre d'observations azimutales de α Ursæ minoris, près de sa culmination inférieure, en vue de déterminer le lieu du méridien sur le cercle horizontal. Comme je faisais en même temps la lecture du cercle vertical pour l'observation des distances zénithales, chaque observation prenait au moins 10 à 11 minutes, en comprenant le nivellement de l'axe, etc., quelquefois même beaucoup plus, lorsque le ciel n'était pas parfaitement pur, et qu'il était par conséquent difficile de retrouver l'étoile après le retournement de l'instrument. Cette circonstance explique le petit nombre d'observations faites chaque jour, 5 à 6 ordinairement, 3 seulement le 31 juillet, où le ciel était peu favorable. Le tableau suivant donne tous les détails relatifs à ces observations : la colonne intitulée **T** donne l'instant observé du passage de l'étoile au fil du milieu, en temps du chronomètre de poche. Les colonnes suivantes renferment l'inclinaison b de l'axe, en secondes de temps, le signe $+$ se rapportant toujours à l'élévation de l'extrémité occidentale au-dessus de l'extrémité orientale, ainsi que la correction à apporter pour l'inclinaison dans l'instant du passage. J'ai déjà signalé dans le mémoire relatif à la longitude l'incertitude que l'on peut redouter dans la détermination de l'inclinaison de l'axe, pour les observations faites au Weissenstein, incertitude provenant soit de l'imperfection du niveau lui-même, soit d'un défaut de construction de l'instrument et consistant dans un manque de symétrie. Cette incertitude peut être rangée, il est vrai, au nombre des erreurs accidentelles, et on peut s'attendre à la voir disparaître en grande partie dans la moyenne de plusieurs observations, faites dans les deux positions de l'instrument, mais elle tend à augmenter notablement les écarts d'une observation à l'autre. J'avais trouvé dans le mémoire relatif à la longitude du Weissenstein, que l'erreur moyenne dans l'observation d'un fil de α Ursæ minoris était de $\pm\ 2^s,25$; l'incertitude sur l'inclinaison amène une erreur au moins égale, sinon supérieure, dans la correction due à l'inclinaison de l'axe, en sorte que l'instant corrigé du passage est affecté d'une incertitude d'au moins $\pm\ 3^s,20$, ce qui correspond à une erreur de $\pm\ 1'',7$ environ, en azimut.

La correction du chronomètre sur le temps sidéral, donnée dans la colonne suivante, est déduite des comparaisons faites avec le chronomètre à enregistrement électrique au commencement et à la fin de chaque série. La marche en avance du chronomètre est assez régulière, mais assez sensible pendant la durée d'une série, pour que l'on doive en tenir compte. La colonne suivante donne le nombre de minutes et de secondes qu'il faut retrancher de 12^h, ou ajouter, pour avoir l'angle horaire; la réduction au méridien, ou la correction azimutale k, de la colonne suivante a été calculée par la formule

$$\sin k = \frac{\sin t \ \cos \delta}{\sin z}$$

z étant la distance zénithale apparente au moment de l'observation. Puis vient la lecture du cercle, enfin le lieu du méridien sur le cercle, affecté de la collimation $\pm\ c$, suivant que le cercle est à l'ouest, ou à l'est. La moyenne des lectures faites dans les deux positions de l'instrument donne la valeur définitive du lieu du méridien sur le cercle.

Observations azimutales de α Ursæ minoris, près de sa culmination inférieure.

31 juillet. AR. 1ʰ 11ᵐ 22ˢ,63 δ 88° 36′ 7″,1.

Position Cercle	T. (h m s)	Inclinaison b. (s)	Correction pr. inclin. (s)	Correction du chronom. (m s)	Angle horaire t 12h (m s)	Réduction au méridien k. (′ ″)	Lecture du cercle (° ′)	Micr. I (″)	Micr. II (″)	Moy. (″)	Lieu du méridien sur le cercle ± c. (° ′ ″)
Est	12 52 1	—0,019	+ 0,56	—2 28,7	—21 49,77	+11 27,4	314 9	19,2	31,4	25,3	314 20 52,7
Ouest	13 10 21	+0,048	— 1,41	—2 28,9	— 3 31,94	+ 1 51,4	134 19	30,1	18,5	24,3	134 21 15,7
Est	13 30 21	+0,116	— 3,41	—2 29,0	+16 25,96	— 8 37,7	314 29	23,8	40,3	32,0	314 20 54,3

Moyenne Cercle Ouest 134 21 4,6

1ᵉʳ août. AR. 1ʰ 11ᵐ 23ˢ,44 δ 88° 36′ 7″,4.

Position Cercle	T. (h m s)	Inclinaison b. (s)	Correction pr. inclin. (s)	Correction du chronom. (m s)	Angle horaire t 12h (m s)	Réduction au méridien k. (′ ″)	Lecture du cercle (° ′)	Micr. I (″)	Micr. II (″)	Moy. (″)	Lieu du méridien sur le cercle ± c. (° ′ ″)
Ouest	12 53 24	—0,083	+ 2,44	—2 40,9	—20 37,90	+10 49,7	134 10	37,5	28,9	33,2	134 21 22,9
Est	13 4 9	+0,113	— 3,32	—2 41,0	— 9 58,76	+ 5 14,6	314 15	25,2	44,2	34,7	314 20 49,3
Est	13 16 56	+0,098	— 2,88	—2 41,1	+ 2 48,58	— 1 28,6	314 22	12,8	30,4	21,6	314 20 53,0
Ouest	13 28 46	+0,015	— 0,44	—2 41,2	+14 40,92	— 7 42,6	134 28	70,1	57,7	63,9	134 21 21,3
Ouest	13 39 38	+0,073	— 2,15	—2 41,3	+25 31,11	—13 23,1	134 34	43,5	33,9	38,7	134 21 15,6
Est	13 53 18	—0,201	+ 5,91	—2 41,4	+39 19,07	—20 34,1	314 41	19,2	34,4	26,8	314 20 52,7

Moyenne Cercle Ouest 134 21 5,8

2 août. AR. 1ʰ 11ᵐ 24ˢ,18 δ 88° 36′ 7″,6.

Position Cercle	T. (h m s)	Inclinaison b. (s)	Correction pr. inclin. (s)	Correction du chronom. (m s)	Angle horaire t 12h (m s)	Réduction au méridien k. (′ ″)	Lecture du cercle (° ′)	Micr. I (″)	Micr. II (″)	Moy. (″)	Lieu du méridien sur le cercle ± c. (° ′ ″)
Est	12 41 45	—0,098	— 2,88	—2 54,2	—33 17,76	+17 26,4	314 3	12,9	40,3	26,6	314 20 53,0
Ouest	12 53 25	+0,227	— 6,68	—2 54,3	—21 0,16	+11 1,4	134 10	15,4	11,9	13,6	134 21 15,0
Ouest	13 4 21	—0,053	+ 1,56	—2 54,4	— 9 56,02	+ 5 13,1	134 16	2,4	0,7	1,6	134 21 14,7
Est	13 16 23	+0,008	— 0,24	—2 54,5	+ 2 4,08	— 1 5,2	314 21	44,4	71,4	57,9	314 20 52,7
Est	13 25 27	—0,027	+ 0,79	—2 54,6	+11 9,01	— 5 51,4	314 26	29,8	58,4	44,1	314 20 52,7
Ouest	13 40 1	—0,098	+ 2,88	—2 54,8	+25 44,90	—13 30,3	134 34	48,0	44,0	46,0	134 21 15,7

Moyenne Cercle Est 314 21 4,0

8 août. AR. 1ʰ 11ᵐ 28ˢ,39 δ 88° 36′ 8″,8. NB. le cercle a été avancé de 90°.

Position Cercle	T. (h m s)	Inclinaison b. (s)	Correction pr. inclin. (s)	Correction du chronom. (m s)	Angle horaire t 12h (m s)	Réduction au méridien k. (′ ″)	Lecture du cercle (° ′)	Micr. I (″)	Micr. II (″)	Moy. (″)	Lieu du méridien sur le cercle ± c. (° ′ ″)
Ouest	12 46 45	—0,135	+ 3,97	+0 49,8	—23 49,62	+12 29,8	44 4	19,8	25,4	22,6	44 16 52,4
Est	12 59 55	—0,395	+11,62	+0 49,7	—10 32,07	+ 5 32,0	224 10	45,4	58,2	51,8	224 16 23,8
Est	13 14 15	—0,180	+ 5,29	+0 49,6	+ 3 41,50	— 1 55,7	224 18	17,9	33,7	25,8	224 16 30,1
Ouest	13 34 30	—0,280	+ 8,23	+0 49,5	+23 59,34	—12 34,9	44 29	12,8	29,8	21,3	44 16 46,4
Est	13 45 22	—0,045	+ 1,32	+0 49,4	+34 44,33	—18 11,2	224 34	29,2	44,2	36,7	224 16 25,5

Moyenne Cercle Ouest 44 16 37,9

9 août. AR. 1ʰ 11ᵐ 29ˢ,20 δ 88° 36′ 8″,9,

Position Cercle	T. (h m s)	Inclinaison b. (s)	Correction pr. inclin. (s)	Correction du chronom. (m s)	Angle horaire t 12h (m s)	Réduction au méridien k. (′ ″)	Lecture du cercle (° ′)	Micr. I (″)	Micr. II (″)	Moy. (″)	Lieu du méridien sur le cercle ± c. (° ′ ″)
Est	12 53 51	—0,492	+14,47	+0 37,8	—16 45,93	+ 8 48,0	224 7	48,8	65,7	57,3	224 16 45,3
Ouest	13 13 7	—0,311	+ 9,14	+0 37,7	+ 2 24,64	— 1 16,0	44 18	20,3	29,1	24,7	44 17 8,7
Ouest	13 22 12	—0,218	+ 6,40	+0 37,6	+11 26,80	— 6 0,7	44 23	7,2	17,4	12,3	44 17 11,6
Est	13 33 2	—0,123	+ 3,62	+0 37,5	+22 13,92	—11 37,7	224 28	16,6	38,2	27,4	224 16 49,7
Est	13 44 6	—0,176	+ 5,22	+0 37,4	+33 19,42	—17 27,0	224 34	7,3	27,1	17,2	224 16 50,2

Moyenne Cercle Est 224 16 59,3

13 août. AR. 1ʰ 11ᵐ 32ˢ,50 δ 88° 36′ 9″,9.

Position Cercle	T. (h m s)	Inclinaison b. (s)	Correction pr. inclin. (s)	Correction du chronom. (m s)	Angle horaire t 12h (m s)	Réduction au méridien k. (′ ″)	Lecture du cercle (° ′)	Micr. I (″)	Micr. II (″)	Moy. (″)	Lieu du méridien sur le cercle ± c. (° ′ ″)
Ouest	12 46 0	+0,058	— 1,70	—0 7,5	—25 41,70	+13 26,1	44 3	30,6	34,8	32,7	44 16 58,8
Est	12 58 14	—0,128	+ 3,76	—0 7,6	—13 22,34	+ 7 1,2	224 9	22,0	48,5	35,3	224 16 36,5
Est	13 9 19	+0,142	— 4,21	—0 7,7	— 2 25,41	+ 1 16,4	224 15	11,1	40,8	25,9	224 16 42,3
Ouest	13 20 58	+0,128	— 3,76	—0 7,8	— 9 13,94	— 4 50,9	44 21	56,3	60,5	58,4	44 17 7,5
Ouest	13 32 0	+0,138	— 4,05	—0 7,9	+20 15,55	—10 37,7	44 27	33,4	45,8	39,6	44 17 1,9
Est	13 43 31	+0,292	— 8,59	—0 8,0	+31 41,91	—16 36,1	224 33	7,9	33,1	20,5	224 16 44,4

Moyenne Cercle Est 224 16 51,9

Si l'on compare entre elles les valeurs obtenues dans une même position de l'instrument, on trouve des écarts s'élevant dans quelques cas à plusieurs secondes; l'écart moyen avec la moyenne est de près de deux secondes, de $\pm 1''{,}92$, chiffre qui est d'accord avec celui qui a été donné plus haut pour l'incertitude dans la détermination de l'angle horaire, si l'on tient compte de l'erreur commise dans la lecture du cercle.

Indépendamment de ces observations de α Ursæ minoris, j'avais encore, pour la détermination du lieu du méridien sur le cercle, la lecture faite dans l'ajustement méridien, avec la correction azimutale donnée par la réduction des observations de passages dans la soirée. Voici pour les jours où des observations de signaux ont été faites, ces lectures, ainsi que le lieu du méridien sur le cercle. Pour diminuer les erreurs accidentelles, je faisais ordinairement deux lectures le soir même, et lorsque le lendemain matin les circonstances atmosphériques étaient favorables à l'observation des signaux, j'en faisais encore une pour m'assurer que la position de l'alhidade sur le cercle n'avait pas changé; je me borne à donner dans le tableau suivant la moyenne des lectures ainsi faites, lorsque les écarts ne dépassent pas les erreurs d'observation.

(Voyez le tableau ci-contre.)

Si l'on compare le lieu du méridien ainsi déterminé avec celui qui résulte des observations azimutales de α Ursæ minoris, faites quelques heures plus tôt le même jour, et le 13 août, 18^h plus tard, on trouve les écarts suivants, ainsi que l'erreur moyenne de chacune des déterminations, en leur supposant la même exactitude.

Juillet	31	écart	$5{,}3$	erreur $\pm$	$2{,}65$
Août	1	»	$2{,}8$		$1{,}4$
»	2	»	$0{,}6$		$0{,}3$
»	8	»	$0{,}6$		$0{,}3$
»	9	»	$1{,}9$		$0{,}95$
»	13	»	$0{,}5$		$0{,}25$

Détermination du lieu du méridien sur le cercle par les observations faites dans l'ajustement méridien.

DATE.		Position du cercle.	Lecture du cercle.					Correction azimutale.			Lieu du méridien.		
					Micr. I.	Micr. II.	Moyenne.						
			c	′	″	″	″	′		″	o	′	″
Juillet	21	Est	314	20	22,9	49.7	36,3	—		15,3	314	20	21,0
»	24	Ouest	134	20	6,9	8,5	7,7	—		10,6	134	19	57,1
»	26	Ouest	134	19	55,6	48,4	52,0	+		13,7	134	20	5,7
»	27	Est	314	19	39,2	56,8	48,0	+		8,1	314	19	56,1
»	31	Ouest	134	19	53,3	40,8	47,1	+	1	22,8	134	21	9,9
Août	1	Ouest	134	19	59,8	47,8	53,8	+	1	14,8	134	21	8,6
»	2	Est	314	21	4,1	30,9	17,5	—		14,1	314	21	3,4

Le 8 août, le cercle horizontal a été avancé de 90°.

DATE.		Position du cercle.	Lecture du cercle.					Correction azimutale.			Lieu du méridien.		
Août	8	Ouest	44	16	31,4	34,6	33,0	+		5,5	44	16	38,5
»	9	Est	224	16	26,9	42,9	34,9	+		22,5	224	16	57,4
»	12	Est	224	16	41,0	65,8	53,4	—		2,0	224	16	51,4
»	14	Ouest	44	16	32,9	36,1	34,5	+		16,1	44	16	50,6
»	15	Ouest	44	16	46,9	48,7	47,8	+		1,3	44	16	49,1

Le 17 août, le cercle horizontal a été avancé de 90°.

DATE.		Position du cercle.	Lecture du cercle.					Correction azimutale.			Lieu du méridien.		
Août	23	Ouest	314	17	36,3	72,3	54,3	—		10,6	314	17	43,7
»	24	Est	134	17	41,9	33,9	37,9	+		5,3	134	17	43,2

Le 31 juillet seulement, l'écart est assez considérable, et l'incertitude
dépasse le chiffre auquel on est en droit de s'attendre, mais il est vrai que
ce jour, il n'a été possible de faire qu'une seule observation de α Ursæ
minoris dans l'une des positions de l'instrument. En l'absence du contrôle obtenu par la comparaison des observations faites dans la même
position de l'instrument, il est impossible de décider si l'écart entre les
deux déterminations de ce jour provient d'une erreur accidentelle plus
forte que de coutume dans l'une des observations, ou s'il est dû à un
changement dans la position de l'instrument dans l'intervalle entre les
observations de l'après-midi et celles de la soirée. Comme les observations du Chasseral avaient été faites pendant cet intervalle, c'est-à-dire
après celles de la polaire, il n'y avait aucun motif de prendre l'une ou
l'autre des déterminations, plutôt que leur moyenne. Pour les autres jours,

où les deux déterminations s'accordent dans les limites de l'incertitude que l'on peut attribuer aux observations, j'ai également pris la moyenne. L'on trouve ainsi pour les lieux du méridien sur le cercle qui doivent servir à la détermination des azimuts :

				°	′	″
Juillet 24 après-midi		Cercle	Est	314	20	21,0
» 24 après-midi		»	Ouest	134	19	57,1
» 26 après-midi		»	Ouest	134	20	5,7
» 28 matin		»	Est	314	19	56,1
» 31 après-midi		»	Ouest	134	21	7,25
Août 1 après-midi		»	Ouest	134	21	7,2
» 2 après-midi		»	Est	314	21	3,7
» 8 après-midi		»	Ouest	44	16	38,2
» 9 après-midi		»	Est	224	16	58,35
» 12 après-midi et 13 matin		»	Est	224	16	51,65
» 14 après-midi		»	Ouest	44	16	50,6
» 15 après-midi et 16 matin		»	Ouest	44	16	49,1
» 23 après-midi		»	Ouest	314	17	43,7
» 24 après-midi		»	Est	134	17	43,2

En réunissant les déterminations obtenues différents jours pour le même signal, j'ai dû naturellement tenir compte du nombre des observations faites chaque jour. Il fallait avoir égard également aux circonstances atmosphériques, qui rendaient l'ajustement sur le signal plus ou moins difficile et incertain ; d'un autre côté, il y a toujours quelque chose d'arbitraire dans les chiffres par lesquels on cherche à apprécier ces circonstances. Pour éviter cet inconvénient, je n'ai tenu compte de l'influence des circonstances atmosphériques sur l'exactitude de l'observation que dans un petit nombre de cas, lorsque le carnet portait que le signal était rendu indistinct par la brume ; j'ai marqué alors 0,5 au lieu de 1,0 dans la rubrique correspondante, pour indiquer que l'observation avait un poids moitié moindre que dans les circonstances ordinaires. Une seule fois j'ai inscrit 0,25, le carnet portant que la brume rendait le signal à peine visible. Les poids inscrits dans la colonne suivante ont été calculés d'après ces chiffres et le nombre des observations, en attribuant l'unité de poids à une détermination reposant sur 4 observations faites dans des circonstances ordinaires.

DATE	Nombre d'observations.	Circonst. atmosphériques.	Poids.	Azimut.		
				o	′	″
Signal du Chasseral.						
Juillet 21	2	0,5	0,25	68	56	9,6
» 26	2	0,5	0,25			6,2
» 28	2	1,0	0,50			6,9
» 31	4	1,0	1,00			7,95
Août 2	2	0,25	0,12			12,8
» 8	4	1,0	1,00			7,6
» 9	4	0,5	0,50			4,35
» 13	4	1,0	1,00			5,45
» 14	2	1,0	0,50			5,7
» 15	4	1,0	1,00			6,1
» 16	4	1,0	1,00			6,2
» 23	4	1,0	1,00			9,8
» 24	4	1,0	1,00			9,9
Moyenne probable des 13 déterminations			9,17	68	56	7,30
erreur moyenne						± 0,83
erreur probable						± 0,36
Signal du Feldberg.						
Juillet 28	2	1,0	0,50	208	4	39,4
Août 13	4	0,5	0,50			38,15
Moyenne probable				208	4	38,77
erreur moyenne						± 0,63
erreur probable						± 0,42
Signal de la Rœthifluh (sommet de la pyramide).						
Juillet 21	2	1,0	0,50	245	5	23,3
» 24	2	1,0	0,50			25,0
Août 1	4	1,0	1,00			20,1
» 12	4	1,0	1,00			21,65
Moyenne probable			3,00	245	5	21,97
erreur moyenne						± 1,00
erreur probable						± 0,68

La moyenne probable des 13 déterminations de l'azimut du Chasseral est affectée d'une erreur moyenne de $\pm\ 0''{,}53$, et l'erreur moyenne d'une détermination isolée, calculée par la somme des carrés et réduite à l'unité de poids, est de $\pm\ 1''{,}6$. Ce chiffre est notablement augmenté par la circonstance que les observations ont été faites dans trois positions différentes du cercle, et que les erreurs du cercle viennent ainsi s'ajouter aux erreurs accidentelles de l'observation. Si l'on sépare, en effet, les observations faites dans les différentes positions du cercle, on a :

			Moy. probable.	Erreur moy.
			° ' ''	''
1re position du 21 juillet au 2 août	5 observ.		68 56 7,97	$\pm$ 0,75
2 » du 8 août au 16 août	6 »		6,07	0,44
3 » du 23 août au 24 août	2 »		9,85	0,05

Les moyennes probables, obtenues dans les différentes positions du cercle, diffèrent ainsi entre elles de quantités qui dépassent considérablement leur incertitude, et l'on ne peut guère douter que les différences doivent être attribuées en partie aux erreurs du cercle. Si l'on ne compare entre elles que les observations faites dans la même position du cercle, on trouve $\pm\ 0''{,}95$ pour l'erreur moyenne d'une détermination, reposant sur 4 observations et faite dans les circonstances atmosphériques ordinaires.

CHAPITRE VI

Observations du pendule et détermination de la pesanteur.

L'emplacement du pilier du pendule est indiqué sur le plan topographique du Weissenstein, qui accompagne le mémoire relatif à la différence de longitude entre cette station et l'observatoire de Neuchâtel. Ce pilier est à 110^m à l'ouest, et à 67^m,5 au sud de celui de la station astronomique ; et, d'après un nivellement que j'ai fait, la différence de niveau entre la surface supérieure de ce dernier pilier et le centre de figure du pendule est de + 5^m,56. Il résulte, d'autre part, des données qui m'ont été transmises par notre collègue, M. l'ingénieur Denzler, que la surface supérieure du pilier de la station astronomique est à 315^m,57 au-dessous du pied du signal du Chasseral. Celui-ci étant à la cote 1232^m,71 par rapport au repère de la pierre du Niton (Voy. la 2e livraison du Nivellement fédéral, page 156), la cote de la surface supérieure du pilier de la station astronomique, rapportée au même point de départ, est 917^m,14, et celle du centre de figure du pendule 911^m,58.

Les observations du pendule au Weissenstein ont été faites et réduites suivant le même système que celles du Righi-Kulm (Voyez le mémoire « Nouvelles expériences faites avec le pendule à réversion et détermination de la pesanteur à Genève et au Righi-Kulm »). Je peux ainsi me borner à indiquer les résultats obtenus, sans entrer dans une répétition inutile du mode d'opération, ou de réduction.

§ 1.

Mesures de longueur du pendule.

Dans le premier des deux tableaux suivants, le mode de suspension est indiqué par les lettres ROH, ROB, REH, REB, suivant que l'inscription gravée sur la monture du couteau correspondant au disque creux est en haut ou en bas, tournée vers l'ouest ou vers l'est. L'intervalle entre les couteaux obscurs, et celui entre les couteaux clairs, sont ensuite donnés dans les colonnes suivantes avec la température correspondante. Puis vient la différence de l'intervalle entre les couteaux obscurs et les couteaux clairs, différence réduite à la même température; enfin la moyenne des deux intervalles avec la température correspondante. Dans le second tableau j'ai réuni dans deux colonnes séparées, sous les désignations λ et λ', les mesures faites le disque plein en haut, réduites à la température $16°,25$ avec le coefficient $0^l,000140$ par $1°$, résultant des observations de Genève, et celles faites le disque plein en bas, réduites également à $16°,25$.

DATE 1868.	Mode de suspension.	Intervalle entre les couteaux obscurs		Intervalle entre les couteaux clairs		Différence cout. obscurs. et cout. clairs.	Moyenne de l'intervalle entre les cout. obscurs et les couteaux clairs	
		température	longueur.	température	longueur.		température	longueur.
		°	l	°	l	l	°	l
30 juillet	R O H	16,82	248,48564	17,00	248,48460	—0,00106	16,91	248,48512
5 août	R E H	16,72	248,48448	16,85	248,48385	—0,00065	16,78	248,48417
6 »	R E B	15,87	248,48299	16,22	248,48291	—0,00013	16,04	248,48295
12 »	R O B	18,25	248,48096	18,35	248,48554	—0,00143	18,30	248,48625
16 »	R O H	18,65	248,48506	19,15	248,48436	—0,00077	18,90	248,48471
17 »	R E H	18,22	248,48552	18,50	248,48531	—0,00025	18,36	248,48541
18 »	R O B	17,45	248,48466	17,57	248,48343	—0,00123	17,51	248,48405
19 »	R E B	16,90	248,48275	16,90	248,48228	—0,00047	16,90	248,48252

DATE	Disque plein en haut λ à 16°,25.	DATE	Disque plein en bas λ' à 16°,25.
	1		1
6 août	248,48298	30 juillet	248,48503
12 »	248,48596	5 août	248,48410
18 »	248,48387	16 »	248,48434
19 »	248,48243	17 »	248,48512
Moyenne	248,48381	Moyenne	248,48465
Erreur moyenne	±0,00077	Erreur moyenne	±0,00025

La différence provenant de l'irradiation dans l'intervalle compris entre les couteaux, suivant que ceux-ci sont obscurs ou éclairés, est, d'après la moyenne des huit valeurs données au premier tableau, de $0^l,00075$ avec une erreur moyenne de $\pm 0^l,000165$. L'erreur moyenne d'une valeur individuelle est de $\pm 0^l,00047$, ce qui correspond à une erreur de $\pm 0^l,00033$ sur une mesure de l'intervalle entre les couteaux obscurs ou entre les couteaux clairs, et à une erreur de $\pm 0^l,000235$ sur leur moyenne.

D'après le second tableau, on a $\lambda' - \lambda = + 0^l,00084$, avec une erreur moyenne de $\pm 0^l,00081$; j'ai déjà fait usage de cette différence, donnée par les observations du Weissenstein, pour calculer par l'ensemble de toutes les observations l'allongement moyen que subit la tige du pendule, lorsque le disque plein se trouve en bas. On a aussi

$$\frac{\lambda' + \lambda}{2} = 248^l,48423 \pm 0^l,00040$$

d'où, avec la valeur moyenne de $\lambda' - \lambda = + 0^l,00053 \pm 0^l,00017$, déduite de l'ensemble des mesures du pendule, on a en 1868 et à la température de 16°,25 :

$$\lambda = 248^l,483965 \pm 0^l,000415$$
$$\lambda' = 248^l,484495 \pm 0^l,000415$$

§ 2.

Détermination du centre de gravité du pendule.

Les quatre mesures faites le 25 août m'ont donné les valeurs suivantes de la distance I G du centre de gravité au centre de figure, et des distances h, et h', du centre de gravité au couteau le plus rapproché, et au couteau le plus éloigné :

I C	h	h'
$37^l,50$	$86^l,74$	$161^l,74$
37,51	86,73	161,75
37,495	86,475	161,735
37,48	86,76	161,72
Moyenne $37^l,496$	$86^l,744$	161,736

Ce sont ces moyennes dont j'ai fait usage dans la réduction des observations, pour calculer la quantité

$$\gamma = \frac{T - T'}{T} \cdot \frac{hh'}{1G}$$

ainsi que les corrections

$$\frac{\lambda\gamma}{h} \quad , \quad \frac{\lambda\gamma}{h'} \; ;$$

elles s'accordent du reste, à 3 ou 4 centièmes de ligne près, avec les mesures faites dans d'autres stations.

§ 3.

Détermination de l'intervalle de temps employé pour 3000 oscillations.

Les passages d'un point de repère sur la monture du couteau étaient observés, à l'aide de l'enregistrement électrique, au fil d'une lunette placée à l'ouest du pendule, à une distance de $5^m,95$. Pour s'assurer de la constance dans la position relative des deux plumes, et pour évaluer le montant de l'erreur qu'un changement dans leur position relative pouvait introduire dans l'enregistrement électrique, il était fait chaque jour 3 séries de déterminations de la parallaxe des plumes, la première avant de commencer les oscillations, la seconde après avoir retourné le pendule, et la troisième à la fin des oscillations. Voici, pour chaque jour, le résultat obtenu par ces 3 déterminations, dont chacune repose sur 19 signaux, donnés avec le manipulateur décrit dans un précédent mémoire.

DATE 1868.	1re détermination.		2me détermination.		3me détermination.	
	Corr. parallaxe.	Erreur moy.	Corr. parallaxe.	Erreur moy.	Corr. parallaxe.	Erreur moy.
	s	± s	s	± s	s	± s
30 juillet	—0,0708	0,0010	—0,0696	0,0011	—0,0687	0,0011
1 août	—0,0682	0,0011	—0,0656	0,0010	—0,0651	0,0012
5 »	—0,0672	0,0013	—0,0672	0,0011	—0,0677	0,0013
6 »	—0,0710	0,0013	—0,0681	0,0009	—0,0672	0,0010
12 »	—0,0657	0,0010	—0,0649	0,0010	—0,0644	0,0011
16 »	—0,0717	0,0011	—0,0720	0,0010	—0,0723	0,0011
18 »	—0,0797	0,0008	—0,0808	0,0011	—0,0806	0,0008
19 »	—0,0674	0,0009	—0,0682	0,0008	—0,0677	0,0010
20 »	—0,0675	0,0010	—0,0662	0,0011	—0,0664	0,0011

D'après la moyenne des **27** déterminations, l'erreur moyenne d'une détermination est de $\pm\ 0^s,00105$, et l'erreur moyenne d'un signal, de $\pm\ 0^s,0045$, le nombre total de signaux étant de 510. Pour tous les jours, les 3 déterminations faites le même jour s'accordent entre elles dans les limites de leur exactitude, le plus souvent même à moins d'un millième de seconde près. On peut ainsi négliger la correction due à la parallaxe des plumes, puisqu'elle est constante pour toutes les observations faites le même jour, et regarder comme absolument insensible l'erreur d'enregistrement provenant d'un déplacement dans la position relative des deux plumes.

J'ai déduit, comme je l'avais fait l'année précédente au Righi-Kulm, la marche du chronomètre sur le temps sidéral des comparaisons faites chaque soir avec la pendule de Neuchâtel; de la correction relative horaire du chronomètre et de la pendule, la correction du chronomètre sur le temps sidéral était donnée par la marche de la pendule de Neuchâtel. Le tableau suivant donne, pour la période comprise du 28 juillet au 20 août, le résultat des comparaisons effectuées chaque soir (le signe + indiquant que le chronomètre était en avance sur la pendule), ainsi que la correction relative horaire du chronomètre et de la pendule, déduite de ces comparaisons[1].

[1] Voyez « Détermination télégraphique de la différence de longitude entre des stations suisses, etc., pages 61 à 84. »

DATE 1868.	Heure.	Chronom. — Pendule.		Correction relative horaire Ch. – P.
	h	m	s	s
28 juillet	18,050	+ 1	39,016	
29 »	17,983		41,308	— 0,0958
30 »	18,283		43,737	— 0,1000
31 »	18,117		46,192	— 0,1030
1 août	18,650		48,760	— 0,1047
2 »	18,650		51,297	— 0,1057
3 »	18,400		53,710	— 0,1016
4 »	18,783		56,327	— 0,1073
5 »	18,717		58,831	— 0,1046
6 »	18,533	2	1,253	— 0,1017
7 »	18,733		3,643	— 0,0988
8 »	18,733		5,815	— 0,0905
9 »	18,683		6,861	— 0,0437
10 »	19,200		8,069	— 0,0493
11 »	18,883		9,965	— 0,0806
12 »	18,800		10,718	— 0,0315
13 »	19,133		12,113	— 0,0573
14 »	18,867		13,377	— 0,0533
15 »	20,633		15,041	— 0,0646
16 »	19,267		16,532	— 0,0659
17 »	19,450		18,066	— 0,0634
18 »	19,400		19,301	— 0,0516
19 »	19,550		20,450	— 0,0476
20 »	19,367		21,596	— 0,0477

Voici maintenant, pour les jours où les oscillations du pendule ont été observées, la correction horaire du chronomètre qui résulte de ces comparaisons, après avoir appliqué la correction horaire de la pendule d'après les observations de Neuchâtel.

		Correction horaire chronom.
30 juillet		— 0s,1253
1 août		— 0,1273
5 »		— 0,1321
6 »		— 0,1292
12 »		— 0,0565
16 »		— 0,0953
18 »		— 0,0803
19 »		— 0,0763
20 »		— 0,0764

La durée observée de l'intervalle de 3000 oscillations est donnée dans le tableau suivant, qui est dressé d'après la même forme que pour les observations faites au Righi. Je remarque seulement que le 1er août, dans le mode de suspension R O H, l'intervalle indiqué se rapporte à la durée de 3372 oscillations, et non de 3000; mon aide avait omis par inadvertance de rétablir la communication électrique du chronomètre avant le commencement de la seconde série de passages, en sorte que les secondes n'étaient pas marquées sur la bande chronographique. J'ai dû par conséquent observer une seconde série de passages quelques minutes plus tard, lorsque la communication électrique a été rétablie.

J'avais déjà fait le 29 juillet une série complète d'observations d'oscillations, mais ce n'est qu'après l'avoir terminée que je me suis aperçu que ni les couteaux, ni le plan de suspension, n'avaient été essuyés pour enlever la graisse dont on les enduit pour les préserver de la rouille dans le transport. Cette circonstance avait été notée comme étant de nature à pouvoir donner lieu à des erreurs assez fortes pour motiver le rejet des observations de ce jour; et effectivement ces observations s'écartent tellement des autres, soit pour la durée de l'oscillation, soit pour le décroissement de l'amplitude, que je n'ai pu avoir aucune hésitation à les laisser de côté. Il faut toujours avoir la précaution d'essuyer avec le plus grand soin les couteaux et le plan de suspension, avant de commencer une série d'observations.

Mode de suspension.	Température.		Durée de 3000 oscillations donnée par l'enregistrement.							Réduction au temps sidéral.	Durée observée de 3000 oscillations en temps sidéral.
	Commencement.	Fin.	Passages impairs.	Erreur moy. 1 intervalle.	Passages pairs.	Erreur moy. 1 intervalle.	Nombre total intervalles.	Moyenne passages pairs et impairs.	Erreur moyenne.		
				± s		± s		s	± s	s	s
1868. 30 juillet. Baromètre à 0° 655mm,0.											
R E H	16,90	16,80	2260,4043	0,036	2260,4021	0,032	178	2260,4032	0,0026	—0,0787	2260,3243
R E B	16,90	16,75	,8241	0,048	,8206	0,047	184	,8223	0,0035	—0,0787	2260,7436
1er août. Baromètre à 0° 659mm,5.											
R O H	16,60	16,67	2540,7046	0,036	2540,7053	0,036	180	2540,7049	0,0027	—0,0899	2540,6150
R O B	16,80	16,50	2260,8135	0,042	2260,8225	0,038	176	2260,8180	0,0030	—0,0800	2260,7380
5 août. Baromètre à 0° 653mm,3.											
R E H	16,85	17,10	2260,4199	0,032	2260,4195	0,028	170	2260,4197	0,0023	—0,0830	2260,3367
R E B	17,25	17,10	,8279	0,038	,8319	0,036	180	,8299	0,0027	—0,0830	2260,7469
6 août. Baromètre à 0° 654mm,1.											
R O H	16,60	16,35	2260,3944	0,034	2260,4023	0,034	180	2260,3983	0,0026	—0,0811	2260,3172
R O B	16,40	16,40	,7846	0,036	,7882	0,032	180	,7864	0,0025	—0,0811	2260,7053
12 août. Baromètre à 0° 652mm,9.											
R E H	18,00	18,10	2260,4001	0,039	2260,3925	0,037	184	2260,3963	0,0028	—0,0355	2260,3608
R E B	18,20	18,75	,7766	0,034	,7759	0,035	180	,7763	0,0026	—0,0355	2260,7408
16 août. Baromètre à 0° 654mm,9.											
R O H	19,45	19,50	2260,4323	0,039	2260,4355	0,038	178	2260,4339	0,0029	—0,0598	2260,3741
R O B	19,45	19,45	,8580	0,038	,8563	0,033	180	,8571	0,0026	—0,0598	2260,7973
18 août. Baromètre à 0° 651mm,0.											
R E H	17,40	17,55	2260,3502	0,037	2260,3465	0,038	180	2260,3484	0,0028	—0,0504	2260,2980
R E B	17,60	17,40	,7888	0,036	,7944	0,029	180	,7916	0,0024	—0,0504	2260,7412
19 août. Baromètre à 0° 654mm,5.											
R O H	16,70	16,60	2260,3603	0,036	2260,3591	0,034	178	2260,3597	0,0026	—0,0479	2260,3118
R O B	16,62	16,60	,7717	0,032	,7776	0,035	178	,7747	0,0025	—0,0479	2260,7268
20 août. Baromètre à 0° 655mm,8.											
R E H	16,10	16,07	2260,3565	0,033	2260,3451	0,036	180	2260,3508	0,0025	—0,0479	2260,3029
R E B	16,20	16,40	,7312	0,029	,7301	0,029	178	,7307	0,0022	—0,0479	2260,6828

D'après l'ensemble des 9 jours, l'erreur moyenne d'un intervalle donné par la différence entre un passage impair de la deuxième série et le passage impair correspondant de la première série, est de $\pm$ 0^s,0364. L'erreur est un peu plus faible, de $\pm$ 0^s,0348 seulement, entre deux passages pairs ; l'erreur d'un intervalle est ainsi pour la moyenne des passages impairs et pairs de $\pm$ 0^s,0356, d'où résulte une erreur moyenne de $\pm$ 0^s,0252 sur un passage isolé, le nombre total de passages observés dans ces expériences étant de 6448. Les erreurs fortuites dans l'observation des passages, ainsi que celles dues à l'enregistrement et au relevé des signaux, ne donnent lieu en moyenne qu'à une incertitude de $\pm$ 0^s,0027 sur la durée de 3000 oscillations, déterminée dans chaque mode de suspension par les observations d'un jour, soit à une erreur de $\pm$ 0^s,0000009 pour une oscillation. Toutefois, comme la variation physiologique dans la manière de saisir les passages et de donner les signaux après un intervalle de 38 minutes environ, qui sépare les deux séries, dépasse notablement le chiffre indiqué ci-dessus, l'incertitude réelle sur la durée d'une oscillation est sensiblement plus grande que celle qui résulterait des erreurs fortuites.

§ 4.

Observations de l'amplitude des oscillations, loi du décroissement et réduction à l'arc infiniment petit.

Le tableau suivant donne pour les 9 jours, et dans chaque mode de suspension, les 8 valeurs de l'amplitude observées à des intervalles égaux, de six minutes en six minutes, ainsi que l'amplitude moyenne a entre les limites de $t = -21^m$ et de $t = +21^m$. J'ai pris ensuite pour chaque valeur de t la moyenne des 9 jours d'observation, donnée dans la colonne suivante; c'est d'après ces valeurs moyennes qu'a été calculée la formule placée au-dessous, qui donne dans chaque mode de suspension la relation entre l'amplitude et le temps t, compté en minutes à partir de l'instant moyen de la série. Les deux dernières colonnes donnent l'amplitude calculée par la formule pour chaque valeur de t, ainsi que l'écart, ou la différence entre la valeur calculée et la valeur observée. La petitesse de ces écarts montre que la formule calculée pour chaque mode de suspension représente très-approximativement, et bien en dedans des limites des erreurs d'observation, les amplitudes observées.

t.	30 juillet.	1 août.	5 août.	6 août.	12 août.	16 août.	18 août.	19 août.	20 août.	Moyenne des 9 jours.	Calcul par la formule.	Calcul moins Observ.
m	′	′	′	′	′	′	′	′	′	′	′	′
Disque plein en haut.												
—21	103	100	105	101	110	106	108	109	107	105,44	105,33	—0,11
—15	91	86,5	91	88,5	97	94	95	96	94	92,56	92,76	+0,20
— 9	81	77	82	78,5	86	83,5	84	85	82	82,11	82,02	—0,09
— 3	72	68	72,5	70	77	74,5	75	75	72	72,89	72,87	—0,02
+ 3	64	61	65	63,5	68	66	67	67	63	64,94	65,06	+0,12
+ 9	57,5	55	59	57,5	61	59	60	60	56,5	58,39	58,32	—0,07
+15	52,5	49,5	53	51,5	55	53,5	54	54	50	52,55	52,42	—0,13
+21	47	45	47	46	50	47,5	48	48	44,5	47,00	47,10	+0,10
Moy. a	70,43	67,07	71,21	69,00	74,86	72,46	73,29	73,64	70,46	71,38		±0,105

$$\text{Amplitude} = 68',81 - t \times 1',3008 + t^2 \times 0',01679 - t^3 \times 0',00019455.$$

Disque plein en bas.												
—21	94	93,5	95	91	100	92	88,5	86	91	92,33	92,34	+0,01
—15	89	86,5	89	85	93,5	86	82	80	85,5	86,28	86,23	—0,05
— 9	84	80	83,5	79	88	80,5	76	75	80	80,67	80,74	+0,07
— 3	78	75	78,5	75	83,5	75,5	71	70	75,3	75,78	75,77	—0,01
+ 3	74	71	73,5	70,5	78	70,5	67	66	70,3	71,22	71,18	—0,04
+ 9	69	67	69	66	73	66,5	63,5	62	66	66,89	66,89	0,00
+15	64	63,5	65	62	68	62	60	58,5	61,5	62,72	62,76	+0,04
+21	60	59	61	58,3	63,5	58	56,5	54,5	58	58,72	58,70	—0,02
Moy. a	76,43	74,18	76,64	73,18	80,82	73,71	70,29	68,82	73,36	74,16		±0,03

$$\text{Amplitude} = 72',08 - t \times 0',7586 + t^2 \times 0',005605 - t^3 \times 0',00010756.$$

Je me suis servi de cette formule pour calculer les valeurs de t pour lesquelles l'amplitude A atteignait successivement le chiffre de 105′, 100′,

70

etc., jusqu'à 45', le disque plein étant en haut, et le chiffre de 95', 90', etc., jusqu'à 60', le disque plein étant en bas. La différence entre deux valeurs consécutives de t fait connaître l'intervalle en temps sidéral employé pour un décroissement de 5', et la différentielle

$$\frac{d\,A}{d\,t}$$

le décroissement en secondes, dans une seconde sidérale, à chaque amplitude.

A.	Disque plein en haut.			Disque plein en bas.		
	t.	Diff.	$\frac{d\,A}{d\,t}$	t.	Diff.	$\frac{d\,A}{d\,t}$
′	m	m	″	m		″
105	—20,852		—2,255			
100	—18,569	2 283	—2,1255			
95	—16,141	2,428	—1,995	—23,417		—1,126
90	13,548	2,593	—1,863	—18,779	4,638	—1,032
85	—10.764	2,784	·· 1,730	—13,706	5,073	·· 0,941
80	— 7,755	3,009	—1,5965	— 8,138	5,568	—0,857
75	— 4,484	3,271	··1,463	— 2,031	6,107	···0,7835
70	— 0,903	3,581	—1,3315	+ 4,616	6,617	—0,725
65	+ 3,046	3,949	··1,204	+11,720	7,104	—0,687
60	+ 7,425	4,379	—1,084	+19,081	7,361	—0,676
55	+12,288	4,863	·· 0,976			
50	+17,666	5,378	—0,890			
45	+23,489	5,823	—0,834			

Il résulte des chiffres de ce tableau, que le décroissement de l'amplitude de 95' à 60' a exigé un intervalle de 42m,498, le disque plein étant en bas, et de 23m,566, le disque plein étant en haut. Ces durées sont dans le rapport de 1,803 : 1, tandis que les distances h' et h du centre de gravité au couteau le plus éloigné et le plus rapproché sont dans le rapport de 1,865 : 1. Entre les mêmes limites, de 95' et 60', le décroissement de l'amplitude est par seconde de — 1″,5325, le disque plein étant en haut, et de — 0″,8466, le disque plein étant en bas, nombres qui sont dans le rapport de 1,810 à 1.

Pour déterminer l'amplitude moyenne pendant une série d'oscillations et la réduction à l'arc infiniment petit, j'ai fait usage d'une table calculée par la formule se rapportant à chaque mode de suspension, et donnant l'amplitude correspondant à chaque valeur de t de minute en minute.

La première série de passages, observés dans l'un des modes de suspension, commence pour une valeur de t égale à — 20^m, et la seconde finit à $t = + 20^m$, ces valeurs de t étant comptées à partir de l'instant moyen des observations de l'amplitude. Comme il fallait avoir égard à la circonstance que l'angle, dont le pendule avait été écarté de la verticale, variait un peu d'un jour à l'autre, j'ai déterminé dans chaque cas, à l'aide de la table, l'intervalle de temps τ correspondant à la différence a — A de l'amplitude moyenne a pour ce jour, entre les limites de — 21^m et + 21^m, et de l'amplitude moyenne A de la moyenne des 9 jours. L'amplitude au commencement d'une série de passages était ainsi donnée par la valeur correspondant dans la table à τ — 20^m ; je prenais les valeurs successives de deux en deux minutes jusqu'à $\tau + 20^m$, fin de la série de passages, d'où, par sommation, j'obtenais l'amplitude moyenne.

La réduction à l'arc infiniment petit, correspondant à chacune de ces 21 valeurs de l'amplitude, était calculée par la formule

$$ - \frac{\mathrm{T}\,\alpha^2}{16} , $$

d'où l'on déduisait également par sommation la réduction moyenne à l'arc infiniment petit pendant la durée des oscillations. Il est seulement à remarquer que le 1er août, dans les observations faites le disque plein en bas, le pendule ayant oscillé pendant plus de 40 minutes, pour la raison indiquée plus haut, les valeurs de l'amplitude, ainsi que de la réduction à l'arc infiniment petit, ont été calculées entre les limites de $t = \tau — 20^m$ et de $t = \tau + 24^m,5$.

§ 5.

Détermination de la durée d'une oscillation.

Si l'on divise par 3000 les chiffres indiqués à la page 67 pour la durée observée de 3000 oscillations en temps sidéral, on aura la durée observée d'une oscillation dans chaque mode de suspension, telle qu'elle est donnée au tableau ci-dessous. Les colonnes suivantes renferment l'amplitude au commencement, l'amplitude à la fin, l'amplitude moyenne et la réduction à l'arc infiniment petit, ainsi que la durée réduite. Le 1er août, dans le mode de suspension R O H, l'intervalle a été divisé par 3372 et non par 3000.

DATE	Température.	Durée observée 1 oscillation en temps sidéral.	Amplitude Commencement.	Amplitude Fin.	Amplitude Moyenne.	Réduction à l'arc infiniment petit.	Durée d'un oscill. en temps sidéral réduite à l'arc infiniment petit.
	°	s	′	′	′	s	s
Disque plein en haut.							
						−0,0000	
30 juillet	16,83	0,7535812	101,6	47,4	70,10	205	0,7535607
1 août	16,65	5793	96,1	45,2	66,69	186	5607
5 »	17,175	5823	102,9	47,9	70,92	210	5613
6 »	16,40	5684	99,2	46,4	68,64	197	5487
12 »	18,47	5803	108,7	50,1	74,53	232	5571
16 »	19,45	5991	104,9	48,7	72,18	218	5773
18 »	17,50	5804	106,1	49,1	72,96	223	5581
19 »	16,61	5756	106,7	49,4	73,32	225	5531
20 »	16,30	5609	101,6	47,4	70,10	205	5404
Disque plein en bas.							
						−0,0000	
30 juillet	16,85	0,7534415	94,4	61,3	76,41	236	0,7534179
1 août	16,63	4445	91,3	56,3	72,60	214	4231
5 »	16,975	4456	94,7	61,5	76,64	237	4219
6 »	16,48	4391	89,9	58,5	73,05	216	4175
12 »	18,05	4536	100,5	64,9	80,88	265	4271
16 »	19,47	4580	90,6	59,0	73,59	219	4361
18 »	17,48	4327	86,1	55,9	70,08	198	4129
19 »	16,65	4373	84,2	54,4	68,53	190	4183
20 »	16,08	4343	90,2	58,7	73,24	217	4126

Pour appliquer le même mode de réduction qui a été suivi pour les observations de Genève et du Righi-Kulm, il faut réduire les durées observées le même jour, dans les deux modes de suspension, à la température moyenne τ de ce jour. La température a très-peu varié d'un mode de suspension à l'autre, comme on peut le voir par le tableau précédent; la réduction à la température moyenne τ ne porte que sur une petite fraction de degré, et elle ne dépasse pas quelques unités de la septième décimale; on peut donc faire sans inconvénient cette réduction avec les coefficients $0^s,000006382$ et $0^s,000006755$ par degré, donnés par les observations de Genève dans les deux modes de suspension[1]. Après la conversion en temps moyen, on obtient ainsi la durée T et T' d'une oscillation correspondant pour chaque jour, et dans chaque mode de suspension, à la température τ marquée dans une colonne précédente. L'unité à laquelle la densité de l'air est rapportée est déterminée, comme pour les observations de Genève et du Righi-Kulm, par une pression de $728^{mm},06$ et une température de $13°,50$. La différence $T - T'$ de la durée d'une oscillation dans les deux modes de suspension a été augmentée de $0^s,0000008$, pour tenir compte de l'allongement de la tige du pendule produit par le disque plein lorsqu'il est en bas. Le tableau suivant renferme pour chaque jour d'observation ces différentes données, et on trouvera plus loin l'explication des deux dernières colonnes.

[1] Voyez « Nouvelles expériences, etc. », page 39.

DATE 1868.	Mode de suspens.	Baro- mètre.	τ	Densité de l'air.	Disque plein en haut T	Disque plein en bas T'	T — T' +0ˢ,000008	T — T' calculéd'après la densité.	Écart Calcul moins Observ.
		mm	°		s	s	0ˢ,000	0ˢ,000	
30 juillet	R E	655,0	16,84	0,889	0,7515032	0,7513607	1433	1367	— 66
1 août	R O	659,5	16,64	0,896	5031	3660	1379	1372	— 7
5 »	R E	653,3	17,075	0,886	5031	3654	1385	1365	— 19
6 »	R O	654,1	16,44	0,889	4914	3601	1321	1367	+ 46
12 »	R E	652,9	18,26	0,882	4982	3713	1277	1362	+ 83
16 »	R O	654,9	19,46	0,881	5198	3788	1418	1361	— 57
18 »	R E	651,0	17,49	0,882	5005	3558	1455	1362	— 93
19 »	R O	654,5	16,63	0,889	4957	3610	1355	1367	+ 12
20 »	R E	655,8	16,19	0,892	4822	3562	1268	1369	+101
Moyenne				0,887				13657	

La moyenne des 9 jours d'observation donne pour

$$(T - T' + 0ˢ,0000008)$$

la valeur 0ˢ,00013657, et elle se rapporte à la densité moyenne de l'air 0,887. Les écarts entre les valeurs de T—T' d'un jour à l'autre, ou avec la moyenne, sont dus en très-grande partie aux erreurs d'observation et à l'incertitude sur la durée d'une oscillation dans les deux positions de l'instrument, et non à un changement dans la densité de l'air, qui n'a varié que dans des limites extrêmement restreintes. Si l'on voulait se servir de la valeur de T — T', obtenue chaque jour, pour calculer la quantité correspondante

$$\gamma = \frac{T - T'}{T} \cdot \frac{hh'}{IG}$$

on s'exposerait à une influence beaucoup plus considérable des erreurs accidentelles dans la détermination des valeurs individuelles de T ou de T', et par suite de T — T', qu'en prenant pour tous les jours la même valeur de γ, calculée avec la valeur moyenne de T — T'. Comme, d'un autre côté, la densité de l'air a un peu varié d'un jour à l'autre, il est désirable de tenir compte des petites modifications que cet élément a pu introduire dans la valeur de $T - T'$; seulement, les observations faites au Weissenstein seraient insuffisantes pour permettre une évaluation de ces modifications. En réunissant les observations faites à Genève, au Righi, au Weissenstein et à Berne, par conséquent dans des circonstances où la densité de l'air était assez différente, j'ai trouvé, comme on le verra dans un chapitre suivant, où les observations faites à Berne seront discutées, qu'à une variation de $\pm$ 0,010 dans la densité de l'air correspond une variation de $\pm$ 0ˢ,00000072 dans la valeur de $T - T'$. Les valeurs de $T - T'$ calculées pour chaque jour, d'après la densité, dans le tableau précédent, ont été obtenues de cette façon, en partant de la valeur moyenne 0ˢ,00013657, correspondant à la densité moyenne 0,887, et en ajoutant la correction due à la différence de densité. La différence entre le chiffre calculé pour chaque jour, et le chiffre observé, est donnée dans la dernière colonne ; la moyenne arithmétique du chiffre de l'écart, abstraction faite du signe, est de $\pm$ 0ˢ,0000054. Si on attribue ces écarts uniquement aux erreurs accidentelles d'observation de T ou T', on aurait, par la somme des carrés, $\pm$ 0ˢ,0000067 pour l'erreur moyenne d'une valeur observée de $T - T'$, et par suite $\pm$ 0ˢ,0000047 pour l'erreur moyenne d'une valeur isolée de T, ou de T' ; enfin, l'erreur moyenne de la moyenne de $T - T'$ pour les 9 jours serait $\pm$ 0ˢ,0000022.

§ 6.

Détermination de la pesanteur au Weissenstein.

Les durées T et T' d'une oscillation, trouvées dans chaque mode de suspension dans le paragraphe précédent, page ci-contre, correspondent à une longueur du pendule égale à

$$A = \lambda \left\{ 1 + C\,(\tau - 16°,25) \right\} \left\{ 1 + \frac{\gamma}{h} \right\} , \text{ le disque plein en haut}$$

$$B = \lambda' \left\{ 1 + C\,(\tau - 16°,25) \right\} \left\{ 1 + \frac{\gamma}{h'} \right\} , \text{ le disque plein en bas.}$$

Avec la valeur $C = 0,000018973$ du coefficient de dilatation de la tige du pendule, donnée par les observations de Genève, avec celles de λ, λ', IG, h et h' trouvées dans les deux premiers paragraphes, on obtient pour chaque jour la correction $\lambda\,C\,(\tau - 16°,25)$ due à la dilatation de la tige, ainsi que les corrections

$$\frac{\lambda\,\gamma}{h} \quad , \quad \frac{\lambda\,\gamma}{h'} ,$$

dues à la poussée et aux forces troublantes. Dans l'expression de

$$\gamma = \frac{T - T'}{T} \cdot \frac{hh'}{IG} ,$$

on a pris pour chaque jour la valeur de $T - T'$ calculée d'après la densité de l'air.

Le tableau suivant donne pour chaque jour ces différentes corrections, ainsi que les valeurs de A et de B, celles de

$$\frac{A}{T^2} \quad \text{et de} \quad \frac{B}{T'^2}$$

enfin de la moyenne L de

$$\frac{A}{T^2} \quad \text{et de} \quad \frac{B}{T'^2} ,$$

qui donne pour chaque jour la longueur du pendule simple, en lignes de Paris, faisant dans le vide une oscillation dans une seconde de temps moyen.

DATE 1868.	Mode de suspens.	$\lambda C (\tau - 16^\circ,25)$	$\dfrac{\lambda \gamma}{h}$	$\dfrac{\lambda \gamma}{h'}$	Disque plein en haut A	Disque plein en bas B	$\dfrac{A}{T^2}$	$\dfrac{B}{T'^2}$	L
		1	+1	+1	1	1	1	1	1
30 juillet	R E	+0,00278	0,19496	0,10457	248,68170	248,59184	440,3340	440,3418	440,3379
1 août	R O	+0,00184	,19567	,10495	,68147	,59128	,3337	,3345	,3341
5 »	R E	+0,00389	,19467	,10441	,68252	,59279	,3355	,3381	,3368
6 »	R O	—0,00090	,19496	,10457	,67982	,58996	,3445	,3392	,34185
12 »	R E	+0,00948	,19425	,10418	,68769	,59815	,3504	,3405	,34545
16 »	R O	+0,01513	,19110	,10411	,69319	,60378	,3349	,3417	,3383
18 »	R E	—+0,00585	,19425	,10418	,68406	,59452	,3413	,3523	,3468
19 »	R O	+0,00179	,19496	,10457	,68071	,59085	,3410	,3397	,34035
20 »	R E	—0,00028	,19525	,10472	,67893	,58893	,3536	,3419	,34775
Moyenne							440,3410	440,3411	440,34103

En faisant la somme des carrés des écarts entre une valeur individuelle de L et la moyenne, on trouve $\pm$ 0^l,00476 pour l'erreur moyenne d'une valeur individuelle; par suite, l'erreur moyenne sur la moyenne des 9 jours est de $\pm$ 0^l,00159 et l'erreur probable $\pm$ 0^l,00107. La transformation en mesure métrique donne pour la longueur du pendule simple au Weissenstein

0^m,9933340, erreur moyenne $\pm$0^m,0000037, erreur probable $\pm$0^m,0000024

d'où résulte pour la pesanteur

9^m,803837, erreur moyenne $\pm$0^m,000035, erreur probable $\pm$0^m,000024

La valeur ainsi obtenue est susceptible comme celle des autres stations, où la détermination a été faite avec le même appareil, d'une correction $\pm$ 0^m,0000394 Δ, si $\pm$ Δ représente, en millièmes de ligne, la correction qu'il faut appliquer à l'échelle du pendule, du trait O à la moyenne des traits 248^l,4 et 248^l,5.

J'ai trouvé pour la pesanteur à Genève

$$g = 9^m,804246, \text{ erreur probable } \pm 0^m,000014$$

d'où résulte pour le rapport entre ces deux valeurs

$$g \text{ (Weissenstein)} = g \text{ (Genève)} (1 - 0,0000417 \pm 0,0000028)$$

Si l'on voulait réduire la pesanteur observée à Genève à la latitude et à l'altitude du Weissenstein, c'est-à-dire à une latitude de $1° 3'$ plus grande, et à une altitude de $879^m,93$ plus élevée, elle deviendrait

$$g (1 + 0,00009616) (1 - 0,00027644) (1 - 0,00000022) = g (1 - 0,00018050)$$

Le troisième de ces facteurs est dû à la très-légère augmentation de la force centrifuge provenant de l'altitude plus grande[1]. En ayant ainsi seulement égard à la différence de latitude et d'altitude, la pesanteur g observée à Genève serait au Weissenstein $g (1 - 0,0001805)$; la comparaison de ce rapport avec celui qu'ont donné les observations faites au Weissenstein, savoir $g (1 - 0,0000417 \pm 0,0000028)$ donne

$$g (0,0001388 \pm 0,0000028)$$

pour l'attraction du relief du terrain au Weissenstein.

---

[1] Dans le mémoire « Nouvelles expériences faites avec le pendule à réversion etc. » à la page 85, j'avais donné également la réduction de la pesanteur observée à Genève à la latitude et à l'altitude du Righi-Kulm, mais j'avais omis dans cette réduction le petit terme dû à l'augmentation de la force centrifuge, et qui s'élève pour le Righi-Kulm à $-g (0,00000035)$. Si l'on tient compte de ce terme, la pesanteur observée à Genève, et réduite à la latitude et à l'altitude du Righi-Kulm, devient

$$g \text{ (Genève)} (1 - 0,00036481)$$

d'où résulte

$$g (0,00008136 \pm 0,00000352)$$

pour l'attraction exercée par le relief de la montagne, au lieu de la valeur indiquée précédemment,

$$g (0,00008101).$$

CHAPITRE VII

Récapitulation des données relatives à la station du Weissenstein.

Si l'on réunit les données renfermées dans les chapitres précédents et celle relative à la longitude, qui a déjà été publiée, on aura :

A) Pilier de l'instrument universel

Latitude	$47°\ 15'\ 2,82''$	
erreur moyenne	$\pm\ 0,30$	
erreur probable	$\pm\ 0,20$	
Longitude Est de Neuchâtel	$2^m\ 13,088^s$	
erreur moyenne	$\pm\ 0,027$	
erreur probable	$\pm\ 0,018$	
Azimut signal Chasseral	$68°\ 56'\ 7,30''$	
erreur moyenne	$\pm\ 0,53$	
erreur probable	$\pm\ 0,36$	
Azimut signal Feldberg	$208\ \ 4\ \ 38,77$	
erreur moyenne	$\pm\ 0,63$	
erreur probable	$\pm\ 0,42$	
Azimut signal Röthifluh (sommet pyramide)	$245\ \ 5\ \ 21,97$	
erreur moyenne	$\pm\ 1,00$	
erreur probable	$\pm\ 0,68$	

B) Pilier du pendule, situé à 110ᵐ à l'ouest et à 67ᵐ,5 au sud du précédent, le centre de figure du pendule étant à la cote 911ᵐ,58 rapportée au repère de la pierre du Niton

pesanteur	$9,803837^m$
erreur moyenne	$\pm\ 0,000035$
erreur probable	$\pm\ 0,000024$

III. STATION DE L'OBSERVATOIRE DE BERNE

CHAPITRE VIII

Détermination de la latitude.

J'ai déjà mentionné dans un précédent mémoire, « Différence de longitude entre les observatoires de Berne et de Neuchâtel, Chapitre I », la raison pour laquelle il avait été impossible de faire usage du théodolithe astronomique d'Ertel, installé dans la petite coupole de l'observatoire. Le pilier placé au centre est relié aux murs de la tourelle, très-minces dans la partie supérieure; il en résulte une si grande instabilité, que des observations faites dans de pareilles conditions auraient été sans valeur. J'ai dû par conséquent renoncer à la détermination de la latitude par des observations faites avec le théodolithe astronomique, soit de passages dans le premier vertical, soit de distances zénithales dans le voisinage du méridien, et me borner aux observations d'étoiles faites au cercle méridien, combinées avec celle du nadir à l'aide de l'horizon de mercure.

Le cercle de l'instrument de Berne est de faible dimension, le diamètre étant de 18 pouces seulement, et la lecture s'opère à l'aide de deux microscopes. En l'absence de toutes séries d'observations antérieures, j'ignorais absolument quelle était la valeur de l'instrument au point de vue de sa stabilité et de l'exactitude des divisions; d'un autre côté, le temps limité de l'expédition ne me permettait pas d'entreprendre une étude spéciale des erreurs de division, recherche pour laquelle les appareils nécessaires m'auraient du reste manqué. De là résultait la convenance de multiplier les observations, et de faire concourir le plus grand nombre possible d'étoiles, réparties entre les limites de déclinaison pouvant être admises. Dans les premiers jours de l'expédition, j'étais trop absorbé par les questions concernant les observations de passage pour la détermination de la longitude, et par la recherche des petites modifications pouvant mettre cet instrument, encore non étudié, à même de remplir convenablement ce but. Puis, avant de commencer les observations des distances zénithales, il a fallu consacrer quelques jours à des essais pour trouver un mode satisfaisant d'éclairage des microscopes, à l'aide de réflecteurs et de becs de gaz ; je n'ai pu commencer ainsi ces observations que le 26 juillet, et encore ce jour-là, et les trois suivants, les observations très-rapprochées de passages d'étoiles pour la détermination de la longitude ne laissaient pas d'une étoile à l'autre l'intervalle de temps nécessaire pour la lecture du cercle ; je ne pouvais la faire en conséquence que pour un petit nombre d'étoiles, de bonne heure dans la soirée, et avant le commencement de la série. Ces différentes circonstances ne m'ont pas permis de réunir un aussi grand nombre d'observations de distances zénithales que je l'aurais désiré, le nombre total étant de 135.

Quant au nombre et au choix des étoiles, les limites de déclinaison résultent de la condition posée par l'association géodésique de ne pas dépasser 50° de distance zénithale, pour éviter l'incertitude provenant de la réfraction ; d'un autre côté, il convient de se restreindre, dans le choix des étoiles, à celles qui peuvent être considérées comme fondamentales, et dont la déclinaison est connue avec une grande exactitude. Les étoiles que j'ai choisies sont au nombre de 15, dont 8 culminent au sud du zénith, δ, $\varkappa$ et α Ophiuchi, ζ Aquilæ, α, μ et ζ Herculis et β Lyræ, et 7 culminent au nord du zénith, savoir γ et η Draconis, α Ursæ majoris, ε et δ Ursæ minoris, enfin dans la culmination inférieure α Ursæ minoris et 51 Cephei. Toutes ces étoiles, à l'exception de la dernière,

11

se trouvent dans le catalogue de l'association géodésique, publié par M.
le professeur Bruhns, et c'est des positions données dans ce catalogue
dont j'ai fait usage. Pour 51 Cephei, j'ai adopté la déclinaison moyenne
pour 1869,00 + 87° 14' 24″,47, d'après une communication que j'avais
reçue de M. le professeur Auwers ; ce chiffre est de 0″,20 plus faible
que la déclinaison indiquée dans le *Nautical Almanac*.

Le cercle est divisé de 2 en 2 minutes, intervalle qui correspond à
2 tours environ des vis des microscopes, le tambour étant divisé en 60
parties; dans le but d'augmenter la précision de la lecture et de diminuer
l'influence des erreurs accidentelles de division, j'ai amené dans chaque
observation les fils mobiles des microscopes sur 4 traits consécutifs,
deux de chaque côté du centre du rateau. L'espace ainsi parcouru en
faisant mouvoir la vis dans le sens dans lequel on visse, c'est-à-dire en
sens inverse des divisions, du chiffre de minutes le plus élevé au chiffre
le plus bas, correspond à 6 tours environ, et si l'on compte les tours à
partir du centre du rateau, négativement vers le trait correspondant à
un chiffre de minutes plus élevé, positivement vers le trait correspondant à un chiffre plus bas, la lecture pour le nombre de minutes le plus
faible sera comprise dans les limites de

$$
\begin{array}{ll}
+ 3^t & \pm 1^s\!,0 \\
+ 1 & \pm 1,0 \\
- 1 & \pm 1,0 \\
- 3 & \pm 1,0
\end{array}
$$

et pour les traits suivants

En utilisant de cette façon pour la lecture une étendue plus considérable de la vis micrométrique, on s'exposait à une erreur plus forte, provenant d'une petite inégalité dans la vis et dans la hauteur des pas de vis
successifs, que si l'on s'était borné à la partie la plus rapprochée du centre,
et limitée à un tour environ de chaque côté. Néanmoins, le nombre de
tours parcourus étant de 6 seulement, on pouvait s'attendre à ce que les
différences sur la hauteur de ces six pas de vis consécutifs fût très-
faible, ce qui a été en effet le cas ; en outre, les observations mêmes
donnaient le moyen de déterminer ces petites inégalités et d'en tenir

compte, de la manière suivante. Le chiffre des degrés et des minutes paires étant donné pour chaque trait, sous l'un des microscopes, par la lecture de l'index, on avait en tours et parties du tambour l'intervalle de deux minutes sur le cercle compris entre deux traits consécutifs, par conséquent pour chaque observation d'une étoile, et pour chaque microscope, trois de ces intervalles. Dans les observations faites entre les deux mêmes traits, l'intervalle mesuré doit être naturellement le même aux erreurs de pointer près, et par la somme des carrés des écarts on peut calculer l'erreur moyenne, qui affecte la moyenne de toutes les valeurs de l'intervalle mesuré entre ces deux traits. Cette erreur moyenne ε est donnée à côté de chaque intervalle dans le tableau suivant, le nombre d'observations étant indiqué pour chaque étoile dans une colonne précédente. L'intervalle mesuré entre des traits différents peut varier, indépendamment des erreurs de pointer, par suite des erreurs accidentelles de division, et d'une petite inégalité dans la hauteur du pas de vis dans l'étendue des 6 tours parcourus. Pour mettre en évidence, et pour séparer ces deux causes d'erreur, j'ai indiqué dans des rubriques distinctes les trois intervalles mesurés pour chaque étoile ; d'après la manière dont les tours sont comptés à partir du centre du rateau, mentionnée plus haut, la première rubrique correspond en moyenne à un chiffre de $+ 2^t$ pour la partie de la vis dans laquelle se trouve l'intervalle mesuré, la seconde correspond en moyenne au chiffre de 0^t, et la troisième à celui de $- 2^t$. Dans les 16 intervalles contenus sous la même rubrique, par conséquent mesurés dans la même partie de la vis, les erreurs provenant d'une petite inégalité dans la hauteur du pas de vis sont éliminées, et les différences que l'on trouve d'un intervalle à l'autre, ainsi que les écarts v avec la moyenne arithmétique, résultent des erreurs accidentelles de division. De la somme des carrés v^2 on déduit l'erreur moyenne d'un intervalle inscrite au-dessous de chaque moyenne dans chaque rubrique. Si l'on détermine l'écart moyen d'un intervalle en prenant la moyenne arithmétique de toutes les valeurs de v, abstraction faite du signe, on aura, en tenant compte de l'erreur moyenne ε de pointer, la variation moyenne d'un intervalle à l'autre

$$\pm \sqrt{v^2 - \varepsilon^2},$$

qui est également donnée dans le tableau suivant.

(Voyez le tableau ci-contre.)

Si l'on cherche d'abord à déduire des chiffres de ce tableau l'erreur moyenne de pointer dans une observation isolée de l'intervalle entre deux traits, on aura d'après l'ensemble des valeurs de ε, en ayant égard au nombre d'observations :

pour le microscope nord $\pm 0^p,62$, pour le microscope sud $\pm 0^p,72$

et, par suite, l'erreur moyenne de pointer sur un seul trait sera

pour le microscope nord $\pm 0^p,44$, pour le microscope sud $\pm 0^p,51$

Ces chiffres montrent ainsi une plus grande exactitude dans le pointer avec le microscope nord qu'avec le microscope sud ; la différence, quoique peu considérable, est cependant appréciable, mais il me serait impossible d'en indiquer la cause. Le grossissement des deux microscopes est sensiblement le même, et je n'ai pas mentionné dans le temps, dans les carnets d'observation, que les circonstances optiques fussent plus favorables pour l'un que pour l'autre. Je ne suis arrivé à connaître cette différence que par la réduction des observations, longtemps après avoir quitté Berne, et lorsque je n'étais plus à même d'en chercher la cause sur place.

La valeur moyenne de v, dans chaque rubrique, est notablement supérieure à celle de ε, par conséquent l'intervalle entre deux traits, mesuré dans la même partie de la vis, varie par suite des erreurs acciden-

Nombre de tours et de parties correspondant à un intervalle de 2′ entre deux divisions
du cercle.

A. Microscope Nord.

ÉTOILE	Nombre d'observ.	Intervalle 2′	Intervalle en parties de la vis	Erreur moy. ε	Écart avec la moyenne υ	Intervalle 2′	Intervalle en parties de la vis	Erreur moy. ε	Écart avec la moyenne υ	Intervalle 2′	Intervalle en parties de la vis	Erreur moy. ε	Écart avec la moyenne υ
δ Ophiuchi	7	314 42—40	1 52,69	0,17	—1,21	314 44—42	1 55,16	0,20	+0,38	314 46—44	1 54,41	0,15	—0,58
x Ophiuchi	11	327 38—36	53,64	0,10	—0,26	327 40—38	56,15	0,21	+1,37	327 42—40	53,86	0,20	—1,13
α Ophiuchi	10	330 44—42	54,74	0,15	+0,84	330 46—44	55,33	0,17	+0,55	330 48—46	53,33	0,09	—1,66
ζ Aquilæ	6	331 44—42	54,50	0,18	+0,60	331 46—44	54,20	0,18	—0,58	331 48—46	57,07	0,29	+2,08
α Herculis	12	332 36—34	53,20	0,13	—0,70	332 38—36	53,50	0,16	—1,28	332 40—38	57,06	0,14	+2,07
μ Herculis	8	345 52—50	53,74	0,40	—0,16	345 54—52	55,04	0,20	+0,26	332 56—54	56,60	0,18	+1,61
ζ Herculis	13	349 54—52	53,85	0,12	—0,05	349 56—54	53,93	0,14	—0,85	349 58—56	54,55	0,29	—0,44
β Lyræ	6	351 16—14	55,22	0,29	+1,32	351 18—16	54,95	0,18	+0,17	351 20—18	54,78	0,22	—0,21
γ Draconis	8	9 34—32	54,34	0,21	+0,44	9 36—34	54,06	0,18	—0,72	9 38—36	55,77	0,10	+0,78
η Draconis	7	19 52—50	54,13	0,42	+0,23	19 54—52	55,04	0,33	+0,26	19 56—54	54,47	0,18	—0,51
α Ursæ majoris	7	20 30—28	53,95	0,15	+0,05	20 32—30	55,80	0,13	+1,02	20 34—32	54,24	0,15	—0,75
ε Ursæ minoris	12	40 18—16	53,98	0,18	+0,08	40 20—18	54,84	0,09	+0,06	40 22—20	54,34	0,17	—0,65
δ Ursæ minoris	11	44 38—36	54,13	0,31	+0,23	44 40—38	54,55	0,30	—0,23	44 42—40	54,35	0,30	—0 64
α Ursæ minoris I	11	49 26—24	52,54	0,11	—1,36	49 28—26	55,90	0,15	+1,12	49 30—28	55,20	0,20	+0,21
51 Cephei I	6	50 48—46	53,38	0,33	—0,52	50 50—48	53,28	0,23	—1,30	50 52—50	55,30	0,30	+0,31
Nadir	44	184 60—58	54,38	0,08	+0,48	185 2—0	54,72	0,08	—0,06	185 4—2	54,53	0,10	—0,46
16 étoiles	179	Moy. arithm. Erreur moy. ±√(υ²−ε²)	1 53,90 ±0,18	0,21	±0,53 ±0,49	Moy. arithm. Erreur moy.	1 54,78	0,18 ±0,21	±0,65 ±0,62	Moy. arithm. Erreur moy.	1 54,99	0,19 ±0,28	±0,88 ±0,86

B. Microscope Sud.

ÉTOILE	Nombre d'observ.	Intervalle 2′	Intervalle en parties de la vis	Erreur moy. ε	Écart avec la moyenne υ	Intervalle 2′	Intervalle en parties de la vis	Erreur moy. ε	Écart avec la moyenne υ	Intervalle 2′	Intervalle en parties de la vis	Erreur moy. ε	Écart avec la moyenne υ
δ Ophiuchi	7	314 42—40	1 58,57	0,24	—1,14	314 44—42	1 61,04	0,26	—1,05	314 46—44	1 59,46	0,21	—0,79
x Ophiuchi	11	327 38—36	59,38	0,31	—0,33	327 40—36	60,67	0,19	+0,68	327 42—40	59,63	0,15	—0,62
α Ophiuchi	10	330 44—42	60,64	0,32	+0,93	330 46—44	59,26	0,31	—0,73	330 48—46	60,63	0,29	+0,40
ζ Aquilæ	6	331 44—42	60,93	0,15	+1,22	331 46—44	59,20	0,11	—0,79	331 48—46	60,93	0,30	+0,68
α Herculis	12	332 36—34	59,05	0,24	—0,66	332 38—36	59,84	0,13	—0,15	332 40—38	60,93	0,24	+0,68
μ Herculis	8	345 52—50	60,94	0,22	+1,23	345 54—52	58,49	0,20	—1,50	345 56—54	60,84	0,21	+0,59
ζ Herculis	13	349 54—52	59,35	0,20	—0,36	349 56—54	59,11	0,23	—0,88	349 58—56	60,74	0,17	+0,49
β Lyræ	6	351 16—14	59,28	0,20	—0,43	351 18—16	60,18	0,24	+0,19	351 20—18	60,08	0,26	—0,17
γ Draconis	8	9 34—32	59,96	0,20	+0,25	9 36—34	59,69	0,19	—0,30	9 38—36	60,39	0,23	+0,14
η Draconis	7	19 52—50	60,06	0,08	+0,35	19 54—52	60,86	0,08	+0,87	19 56—54	60,07	0,30	—0,18
α Ursæ majoris	7	20 30—28	59,42	0,22	—0,29	20 32—30	61,00	0,17	+1,01	20 34—32	59,55	0,18	—0,70
ε Ursæ minoris	12	40 18—16	59,56	0,28	—0,15	40 20—18	60,94	0,22	+0,95	40 22—20	60,19	0,23	—0,06
δ Ursæ minoris	11	44 38—36	59,85	0,35	+0,14	44 40—38	59,76	0,22	—0,23	44 42—40	60,34	0,28	+0,09
α Ursæ minoris I	11	49 26—24	58,66	0,16	—1,05	49 28—26	61,55	0,23	+1,56	49 30—28	59,42	0,22	—0,83
51 Cephei I	6	50 48—46	60,75	0,34	+1,04	50 50—48	58,32	0,31	—1,67	50 52—50	60,60	0,40	+0,35
Nadir	44	184 60—58	58,96	0,09	—0,75	185 2—0	59,97	0,10	—0,02	185 4—2	60,23	0,11	—0,02
16 étoiles	179	Moy. arithm. Erreur moy. ±√(υ²−ε²)	1 59,71 ±0,19	0,22	±0,65 ±0,64	Moy. arithm. Erreur moy.	1 59,99	0,20 ±0,24	±0,79 ±0,76	Moy. arithm. Erreur moy.	1 60,25	0,24 ±0,13	±0,42 ±0,35

telles de division ; la variation moyenne

$$\pm \sqrt{v^2 - \varepsilon^2},$$

calculée en faisant abstraction des erreurs de pointer,

est pour les 48 intervalles mesurés avec le microscope nord $\pm 0^p,66$
et pour les 48 intervalles mesurés avec le microscope sud $\pm 0,57$

en moyenne pour les 96 intervalles, répartis à peu près dans toutes les parties du cercle, de $\pm 0^p,615$. L'on voit ainsi que la division du cercle de Berne est remarquablement régulière, l'intervalle entre deux traits consécutifs étant constant à une variation moyenne de

$$\pm \frac{1}{192}$$

près ; l'intervalle entre deux traits étant de $0^{mm},1417$, les variations accidentelles sont en moyenne seulement de $\pm 0^{mm},000738$, et l'écart moyen d'un trait de $\pm 0^{mm},000522$.

L'on peut enfin reconnaître une petite inégalité dans la hauteur des pas de vis consécutifs, inégalité plus forte, du double à peu près, dans le microscope nord ; en effet, la moyenne obtenue pour chaque rubrique varie dans des limites plus considérables que celles données par l'erreur moyenne déduite de la somme des carrés de v. Cette inégalité fait que l'on ne peut pas réduire en minutes et secondes le nombre de tours et de parties donnés par la lecture sur chaque trait, en prenant pour

le microscope nord la relation moyenne 1^t $54^p,56 = 2'$
le microscope sud » » » 1 $59,98 = 2'$

Des trois valeurs moyennes d'un intervalle mesurées avec le microscope nord dans les différentes parties de la vis, j'ai déduit la relation

$$1^t\ 54^p,56 - t \times 0^p,270 = 2'$$

et pour le microscope sud

$$1^t\ 59^p,98 - t \times 0^p,135 = 2'$$

c'est-à-dire, que la hauteur d'un pas de vis diminue de $0^p,27$ par tour pour le microscope nord, et de $0^p,135$ par tour pour le microscope sud, à mesure que le nombre t de tours passe d'une valeur positive, correspondant à un chiffre de minutes plus faible, à une valeur négative correspondant à un chiffre de minutes plus élevé. La valeur moyenne de t pour chacune des rubriques est, ainsi qu'il a été déjà dit, respectivement de $+2$; 0; -2; ces formules donneraient pour le microscope nord

	t	p		t	p	p		p
1re rubrique	1	54,02	valeur observée	1	53,90	$\pm$ 0,18	écart	$+$ 0,12
2me »	1	54,56	»	»	1	54,78 $\pm$ 0,21	»	$-$ 0,22
3me »	1	55,10	»	»	1	54,99 $\pm$ 0,28	»	$+$ 0,11

et pour le microscope sud

	t	p		t	p	p		p
1re rubrique	1	59,71	valeur observée	1	59,71	$\pm$ 0,19	écart	0,0
2me »	1	59,98	»	»	1	59,99 $\pm$ 0,24	»	$-$ 0,01
3me »	1	60,25	»	»	1	60,25 $\pm$ 0,13	»	0,0

Ces formules représentent ainsi bien en dedans des limites des erreurs les petites inégalités observées dans la hauteur des pas de vis consécutifs, en supposant que ces inégalités suivent une loi régulière ; c'est à l'aide de ces formules que j'ai construit des tables donnant pour chaque microscope, de partie en partie, et pour toutes les valeurs de t comprises entre $-3^t,5$ et $+3^t,5$ le nombre correspondant de minutes et de secondes. Ces tables m'ont servi à réduire en minutes et secondes le nombre de tours et de parties donné par le pointer sur chacun des 4 traits dans chaque microscope.

Le niveau destiné à faire connaître les petits changements de position du cercle servant d'alhidade, auquel les microscopes sont fixés, a été examiné par moi dans l'automne de 1869, en même temps que celui qui sert au nivellement de l'axe. Par une nombreuse série de mesures, j'ai trouvé $0'',852$ pour la valeur d'une partie, qui ne variait pas au delà des erreurs d'observation dans les différentes parties du tube. C'est avec cette valeur que la lecture du niveau faite à chaque observation a été réduite; le chiffre de la lecture du niveau, réduite en secondes, est donné dans l'avant-dernière colonne des tableaux suivants, le signe $+$ ou $-$ se rapportant à l'élévation, ou à l'abaissement de l'extrémité sud de la bulle au-dessus, ou au-dessous, de l'extrémité nord. Le signe de la lecture du niveau est ainsi celui de la correction qu'il faut apporter à la lecture, toutes les observations ayant été faites le cercle étant à l'ouest.

Toutefois, pendant le cours même des observations, j'ai conçu des doutes sur l'exactitude avec laquelle la lecture du niveau accusait des variations dans la position du cercle alhidade, doutes qui ont été confirmés plus tard par la réduction des observations. Il importe de remarquer d'abord que ce niveau, tel qu'il était placé, était très-mal garanti contre l'influence de la température, à laquelle les niveaux à éther sont si sensibles; le tube était simplement enchâssé dans une monture en laiton, qui en laissait toute une moitié à découvert sans aucune précaution, telle qu'une cage en bois recouverte d'une glace dans la partie supérieure. Dans bien des cas, j'ai pu constater un mouvement de la bulle causé par l'approche de l'observateur, ou un changement dans sa position, au bout d'un intervalle de temps très-court, pendant lequel le cercle restait fixé dans la même position; on peut donc présumer que ces changements provenaient du niveau seul, et se rapportaient à une variation de l'erreur du niveau, et n'étaient pas causés par un changement de position du cercle alhidade. La manière dont le niveau est assujetti peut également donner lieu à des variations indépendantes d'un mouvement du cercle alhidade; il repose, à la façon du niveau servant à mesurer l'inclinaison de l'axe de rotation, par deux $\wedge$ fixés aux deux extrémités de la monture sur un axe en acier, fixé lui-même par des brides d'une certaine longueur au cercle alhidade. Si l'on a des motifs fondés pour supposer que des variations dans les indications du niveau n'aient pas été produites par des changements dans la position du cercle alhidade, mais qu'elles tiennent seulement au niveau, on doit nécessairement avoir des doutes sur la convenance de tenir compte des corrections qui en résultent dans la détermination des distances zénithales. Il est évident, en effet, que lorsque celles-ci sont données par la différence de lecture du cercle, suivant que la lunette est dirigée sur une étoile ou sur le nadir, la distance zénithale ne doit subir qu'une correction correspondant à un changement réel de position de l'alhidade entre les instants des deux observations. La distance zénithale peut être rendue moins exacte par l'application d'une correction, dont la plus grande partie serait due à une variation du niveau seul, tout comme son exactitude sera augmentée si la variation dans la lecture du niveau d'une observation à l'autre correspond en totalité, ou en grande partie, à un changement réel dans la position de l'alhidade. Il est impossible de séparer dans la variation accusée par la lecture du niveau, entre l'observation d'une étoile et celle du nadir, la part qui est due au niveau seul, et celle qui provient de l'alhidade, et de tenir compte seulement de la dernière; mais si l'on fait les calculs dans les deux hypothèses : 1° que l'alhidade n'ait pas varié dans tout le cours des observations de la soirée, et en ne tenant pas compte de la correction résultant de la lecture du niveau, auquel les variations seraient imputées en totalité; 2° que les variations dans la lecture du niveau soient uniquement dues aux changements dans la position de l'alhidade, en tenant compte par conséquent de la correction du niveau, et si l'on compare l'accord des distances zénithales entre elles dans les deux hypothèses, on aura un critère pour décider laquelle des deux il est préférable d'adopter. J'ai fait ainsi le calcul de la distance zénithale en ne tenant compte de la correction du niveau, ni pour l'observation de l'étoile, ni pour celle du nadir ; puis, dans les deux dernières colonnes des tableaux suivants j'indique la correction du niveau et le chiffre des secondes de la distance zénithale en tenant compte de cette correction.

Dans la détermination du nadir par la réflexion des fils horizontaux dans l'horizon de mercure, je faisais ordinairement quatre observations, en amenant dans deux d'entre elles, désignées par c, les fils à couvrir leur image, puis en faisant bissecter par l'image de l'un des fils l'intervalle compris entre eux, dans les deux alternatives indiquées par la figure ci-jointe :

La différence dans la lecture du cercle entre les deux ajustements bn et bs, qui est égale à la moitié de l'intervalle entre les fils horizontaux, a été trouvée d'après les chiffres renfermés dans les tableaux suivants :

	$bn - bs$	
	sans correct. niveau.	avec correct. niveau.
26 juillet	6,9	6,81
27 »	8,2	7,73
4 août	6,65	6,91
7 »	7,5	7,07
8 »	7,3	6,83
11 »	6,92	7,13
12 »	5,98	6,36
13 »	7,42	8,48
Moy. de 8 observ.	7,11	7,16
Erreur moyenne	$\pm 0,23$	$\pm 0,23$

L'on arrive sensiblement à la même valeur pour l'intervalle entre les fils horizontaux, que l'on tienne compte, ou non, de la correction du niveau, savoir en moyenne $14'',27 \pm 0'',46$. Pour réduire les lectures faites dans les ajustements bn ou bs, à la coïncidence, il faut donc retrancher, ou ajouter respectivement, $3'',55$ ou $3'',58$, suivant que l'on ne tient pas compte de la correction du niveau, ou que l'on en tient compte.

En réduisant ainsi les lectures faites dans les différents ajustements à la coïncidence, on peut déduire de l'accord des valeurs entre elles l'erreur moyenne que l'on peut attribuer à la détermination du nadir, erreur qui est indiquée dans les tableaux suivants. D'après la moyenne des 13 jours d'observation, l'erreur moyenne d'une détermination du nadir est de $\pm 0'',34$, si l'on ne tient pas compte de la correction du niveau, et de $\pm 0'',37$, si l'on en tient compte, donc plus forte dans le dernier cas. Si l'on cherche quelle est l'erreur moyenne dans une observation isolée du nadir par l'ensemble de toutes les observations, on a

	sans correction niveau	avec correction niveau
par 44 observ. réparties sur 13 jours $\Sigma \varepsilon^2 =$	$11'',2753$	$= 17'',7394$
en divisant par 34	$0,3637$	$0,5722$

donc l'erreur moyenne d'une seule observation est de

$$\pm \ 0'',60, \text{ sans tenir compte du niveau}$$
$$\pm \ \ 0,76 \ \text{ en tenant compte du niveau.}$$

L'on obtient ainsi un accord plus satisfaisant entre elles des observations du nadir faites le même jour, en ne tenant pas compte de la correction du niveau, dont les variations devraient être imputées en majorité au niveau seul.

Comme dans quelques cas il n'a été fait que deux ou trois observations du nadir le même soir, et que l'accord d'un aussi petit nombre de données pouvait être purement accidentel et ne pas donner une mesure exacte de l'incertitude de la détermination, il pouvait paraître préférable de calculer celle-ci d'après l'erreur moyenne d'une seule observation et le nombre des observations. L'on obtiendrait de cette façon

		sans correction niveau	avec correction niveau
par 4 observations erreur moyenne		$\pm$ 0,30	$\pm$ 0,38
» 3 »		$\pm$ 0,35	$\pm$ 0,43
» 2 »		$\pm$ 0,43	$\pm$ 0,54

Les chiffres de l'erreur moyenne ainsi calculée ont été donnés dans les tableaux suivants au-dessous de ceux qui résultent directement de l'accord des lectures entre elles; sauf pour un ou deux jours, la différence est presque insensible.

Ainsi qu'il a été dit dans le mémoire relatif à la différence de longitude avec l'observatoire de Neuchâtel, la position de l'observatoire de Berne sur un monticule dominant immédiatement la gare, rendait l'observation dans l'horizon de mercure impossible pendant la journée et pendant la soirée. Ce n'était que depuis 11 heures du soir, et lorsque tout mouvement avait cessé dans la gare, que je pouvais faire ces observations. J'ai vivement regretté cette circonstance qui m'empêchait de faire une détermination du nadir avant l'observation des étoiles, et qui me restreignait à une seule, faite à la fin de la série.

Tous les détails de l'observation des distances zénithales sont renfermés dans les tableaux suivants; pour chacun des microscopes, je donne la lecture faite sur chacun des quatre traits sur lesquels on a pointé, la réduction du nombre de tours et parties en minutes et secondes ayant été faite à l'aide des tables dont la construction a été expliquée plus haut. L'ordre dans lequel la lecture est donnée pour chaque trait est celui dans lequel on fait mouvoir la vis en vissant, c'est-à-dire en allant du chiffre de minutes le plus élevé au chiffre le plus bas. Une colonne suivante donne le chiffre moyen de secondes de la lecture, d'après la moyenne des quatre traits observés sous chaque microscope. Puis vient la correction due à la réfraction, calculée par les tables de Bessel avec la hauteur du baromètre et la température du thermomètre intérieur et extérieur données dans des colonnes précédentes. De la lecture corrigée et du lieu du nadir résulte la distance zénithale calculée dans les deux alternatives, suivant que l'on fait complétement abstraction de la correction du niveau, ou suivant que l'on en tient compte. Dans la presque totalité des cas, l'observation était faite au moment même de la culmination, dans le voisinage immédiat du fil méridien, en sorte que la réduction au méridien était insensible; dans le petit nombre de cas, où une étoile polaire a été observée à une distance plus grande du méridien, j'ai indiqué au-dessous du nom de l'étoile l'angle horaire et la réduction au méridien.

Observations de distances zénithales faites au cercle méridien de Berne, en 1869.

ÉTOILE	BAROM.	Thermomètre Intér.	Thermomètre Extér.	Lecture du cercle —	Microscope nord.	Microscope sud.	Moy.	Réfraction.	Distance zénithale.	Niveau.	Seconde corrigée dist. zénith.
26 juillet.											
ζ Herculis	715.0	20.7	17.2	349 54	62.1 60.1 60.3 60.8	57.6 57.3 56.7 56.5	59.00	14.28	N 15 6 24.50	−2.90	24.02
ε Ursae minoris	715.3	20.4	17.2	40 18	40.1 30.4 39.2 38.0	30.1 29.6 31.0	35.00	37.71	N 25 18 3.59	−2.48	4.09
α Herculis	715.3	20.4	17.2	332 37	18.9 20.8 10.7 14.4	14.2 15.2 14.7 23.7	16.98	33.81	N 32 24 25.45	−2.48	25.43
α Ophiuchi	715.3	20.3	17.0	330 44	20.5 19.0 18.6 19.3	15.8 15.4 16.0 16.5	17.52	36.22	N 31 17 27.83	−2.15	27.50
δ Ursae minoris	715.4	19.8	16.5	44 39	58.0 58.7 56.9 67.8	47.8 48.4 46.7 47.1	54.70	44.25	N 39 39 27.15	7.40	27.13
−2^m 19^s — 0^v.67				185	1 28.7 22.4 23.2 23.2	4.3 2.2 3.2 2.9	13.10			−3.58	
Nadir { h ; c ; δ ; c					0 78.5 78.5 78.2 78.3	58.0 57.4 58.3 57.7	68.20	0.12		−3.33	5.64
					0 70.4 75.0 76.1 75.4	56.3 57.8 35.5 38.4	66.24	0.34		−3.49	0.34
					0 79.6 79.1 78.4 78.4	60.4 58.9 59.0 58.3	69.00	0.30		−3.52	0.38
27 juillet.											
α Ursae minoris I	718.8	22.9	24.1	50 26	47.3 47.8 48.0 46.3	48.6 41.8 43.2 42.6	45.10	50.97	N 44 26 26.25	−2.13	26.25
δ Ophiuchi	719.3	23.7	21.6	314 43	54.1 50.5 51.6 50.6	58.7 55.5 57.3 58.8	53.60	3.17	S 50 18 19.39	−2.07	19.66
ζ Herculis	718.4	22.0	20.9	349 55	2.8 3.5 1.5 1.5	3.5 4.0 3.4 3.4	2.60	14.23	S 15 6 21.24	−2.98	21.43
κ Ophiuchi	710.7	22.5	21.3	297 35	41.9 40.7 42.7 42.5	43.1 44.6 45.7 45.4	43.02	40.19	S 37 22 0.38	−3.24	0.80
ε Ursae minoris	710.8	22.3	20.3	40 18	38.4 37.2 37.8 37.0	35.1 35.3 36.5 34.0	36.50	37.41	N 35 18 3.59	−3.24	3.55
α Herculis	717.0	22.1	20.3	332 37	15.8 17.7 16.9 16.9	17.6 18.6 18.5 17.9	17.50	33.63	S 32 24 25.62	−3.32	25.37
δ Ursae minoris	717.0	21.5	18.4	44 39	54.3 53.2 54.4 55.0	48.5 49.3 48.7 49.3	51.02	44.05	N 39 39 26.84	−3.60	26.04
Nadir { b ; v ; b ; c				185	1 23.1 22.6 22.0 23.5	5.9 5.3 4.7 3.6	18.90	9.82		−3.15	7.04
					1 18.6 18.8 14.7 10.3	1.6 1.4 0.4 0.6	10.00	0.23		−2.85	0.14
					0 74.6 74.2 75.8 75.6	57.1 56.5 53.4 55.8	65.76	0.30		−2.08	0.38
					0 80.1 79.4 78.4 78.6	61.6 60.6 60.8 59.0	69.70			−2.55	
28 juillet.											
α Ursae majoris	716.5	24.4	27.2	30 31	16.6 15.6 16.4 17.1	17.1 16.7 17.8 18.4	16.95	14.31	N 15 30 23.69	−3.20	20.93
α Ursae minoris I	716.5	26.0	27.8	49 26	48.5 46.2 46.3 45.2	45.9 45.6 46.0 45.3	45.45	50.37	N 44 26 27.24	−2.20	26.48
δ Ophiuchi	715.8	24.4	20.2	314 43	48.1 48.0 48.0 47.3	58.5 57.5 59.1 58.4	53.28	2.77	S 50 18 18.18	−2.47	19.10
ζ Draconis	715.9	24.2	22.5	19 52	47.0 46.0 46.8 46.8	49.4 48.8 50.7 51.1	48.40	13.90	N 14 51 53.77	−2.73	52.48
ζ Herculis	715.0	24.1	21.7	349 54	60.7 60.1 59.3 53.1	58.6 59.6 59.4 58.7	59.07	14.15	S 15 6 19.78	−3.07	21.41
κ Ophiuchi	716.0	24.0	21.2	297 35	40.7 40.0 39.1 40.0	44.7 43.8 43.2 44.7	41.70	40.13	S 37 22 3.02	−3.24	2.92
ε Ursae minoris	716.0	23.5	21.0	40 18	36.5 35.2 35.0 35.0	36.8 36.7 36.8 36.2	35.30	37.24	N 35 18 4.06	−3.58	3.97
α Herculis	716.0	21.0	20.5	332 37	14.6 17.4 13.0 13.9	13.8 20.3 20.4 19.9	17.47	33.44	S 32 24 24.55	−4.66	26.77
δ Ursae minoris	716.1	22.5	19.4	44 39	54.3 55.0 53.7 54.8	49.3 49.7 49.5 50.5	52.17	13.83	N 39 39 27.43	−0.94	27.92
Nadir { c ; c				185	4 16.3 15.9 16.3 17.6	0.3 0.7 1.2 0.8	8.65	8.88		−1.49	7.14
					4 16.4 15.6 16.9 16.7	0.7 0.3 1.3 0.3	8.52	0.06		−1.40	0.08
								0.43			0.54
29 juillet.											
α Ursae minoris I	718.6	24.3	20.4	49 26	47.8 47.7 48.8 47.8	42.3 41.8 42.6 41.1	44.97	50.78	N 44 26 25.80	−4.43	25.02
δ Ophiuchi	719.0	23.8	20.9	314 43	52.1 52.0 52.0 50.2	55.4 55.3 55.6 55.1	53.55	3.45	S 50 18 20.05	−4.88	21.03
ζ Draconis	719.5	23.9	22.3	19 52	42.6 48.7 48.1 48.5	48.6 46.2 47.0 47.2	47.30	13.9	N 14 51 53.23	−4.04	50.20
ζ Herculis	719.7	23.5	22.8	349 55	4.1 3.0 2.2 1.5	2.6 3.6 1.6 2.8	2.50	14.15	S 15 6 21.50	−4.68	22.52
κ Ophiuchi	719.7	23.8	22.3	297 35	49.0 44.0 46.0 46.2	47.2 47.3 46.5 48.8	46.95	40.02	S 37 22 3.02	−4.73	4.10
ε Ursae minoris	719.8	23.6	22.5	40 18	39.0 38.8 89.0 38.3	33.9 34.2 34.0 35.1	36.07	37.15	N 35 18 3.57	−4.68	3.84
α Herculis	719.8	23.5	22.9	332 37	9.0 18.8 18.6 18.7	19.6 20.6 19.6 19.8	18.95	33.35	S 32 24 24.05	−4.68	25.88
κ Ophiuchi	719.9	23.0	22.7	330 44	19.0 17.6 17.4 20.6	20.6 18.9 20.3 18.17	18.17	35.80	S 34 17 26.84	−4.26	27.45
δ Ursae minoris	720.0	22.7	20.4	44 39	53.3 57.5 58.1 58.2	50.5 51.1 50.6 54.10	54.10	43.86	N 39 39 28.31	−4.00	27.96
Nadir { c ; c				185	1 18.7 17.7 18.3 19.2	2.0 2.3 2.7 2.7	10.58	9.93		−3.58	8.36
					1 17.8 16.0 17.4 18.1	1.3 0.3 2.2 0.3	9.33	0.34		−3.66	0.36
					1 18.5 17.8 18.0 18.7	1.0 2.2 2.3 0.8	9.97	0.35		−3.70	0.43
1er août.											
α Ursae majoris	714.7	23.3	25.1	30 31	10.5 18.0 20.1 20.2	14.7 13.3 15.0 14.7	17.07	14.34	N 15 30 20.86	−4.47	20.74
α Ursae minoris I	713.8	24.3	23.7	49 26	46.3 47.1 48.3 47.0	43.0 43.9 44.0 43.9	45.50	50.54	N 44 26 25.40	−4.18	25.66
δ Ophiuchi	712.3	24.4	22.8	314 43	52.0 51.1 51.1 50.0	55.6 55.6 50.2 55.8	53.55	2.30	S 50 18 19.50	−4.18	19.38
ζ Draconis	712.0	24.4	22.5	19 52	47.0 46.0 49.0 50.0	46.4 47.0 46.1 46.2	48.40	13.85	N 14 51 54.67	−4.17	51.55
ζ Herculis	712.3	23.7	22.8	349 55	3.0 2.4 4.4 4.4	4.4 4.5 4.5 3.4	2.45	14.07	S 15 6 21.97	−4.68	22.30
κ Ophiuchi	712.3	23.6	22.6	297 35	44.1 42.4 44.4 44.4	44.5 42.5 45.2 44.7	43.50	39.88	S 37 22 3.02	−4.73	5.10
ε Ursae minoris	712.6	22.5	22.6	40 18	46.7 46.9 46.0 46.0	36.5 35.6 35.4 35.2	37.25	36.74	N 35 18 4.06	−4.94	3.91
α Herculis	713.1	21.5	23.2	332 37	16.7 15.7 16.7 17.7	16.0 17.9 18.3 18.5	17.90	33.95	S 32 24 25.61	−4.47	25.72
κ Ophiuchi	712.1	21.4	22.8	330 44	12.0 17.3 15.6 14.6	10.0 10.0 19.7 18.10	18.10	15.11	S 34 17 27.72	−4.47	27.25
μ Herculis	712.0	23.4	22.2	345 52	20.3 21.2 21.4 21.4	29.2 29.7 28.4 30.06	30.06	18.11	S 19 8 58.61	−4.26	58.02
γ Draconis	712.0	23.3	22.0	0 34	34.3 33.0 33.1 34.3	30.7 30.1 29.6 29.7	34.40	4.16	N 4 33 27.61	−4.28	27.70
ε Ursae minoris	712.0	23.4	23.0	44 39	38.7 53.9 57.2 55.0	58.0 51.8 51.0 51.1	54.42	43.09	N 39 39 27.29	−4.30	27.38
−0^m 86^s — 0^v.11											
Nadir { c ; c				185	1 17.3 16.4 17.7 17.3	4.6 4.5 5.3 4.1	10.55	10.55		−4.56	6.20
					1 16.6 10.0 10.3 16.6	3.0 4.3 3.5 3.9	10.13	0.40		−4.13	0.15
								0.43			0.51
2 août. l'ajustement des microscopes a été revisé, et le niveau du cercle corrigé.											
α Ursae majoris	718.9	19.0	20.4	30 30	34.0 33.1 34.2 34.0	56.1 34.4 56.3 55.6	59.70	14.70	N 15 30 21.74	−1.45	18.91
α Ursae minoris I	718.9	19.2	21.6	49 26	48.4 48.0 50.0 48.4	30.9 30.3 31.3 30.1	44.80	51.77	N 44 26 23.41	−1.31	23.51
δ Ophiuchi	719.2	19.4	18.9	314 43	56.2 54.4 56.0 54.4	30.9 34.3 35.0 34.4	44.03	4.04	S 50 18 21.77	−1.31	21.71
ζ Draconis	719.3	19.1	14.0	19 52	33.5 34.0 33.5 32.3	27.3 27.9 27.9 27.1	33.12	14.10	N 14 51 52.56	−4.17	52.45
ζ Herculis	719.4	18.3	16.4	349 55	3.7 3.5 3.7 3.5	4.7 4.0 4.3 4.7	38.70	14.65	S 15 6 23.07	−4.61	21.79
κ Ophiuchi	719.5	18.2	15.3	40 18	43.3 43.4 43.4 43.5	14.7 14.5 15.5 16.3	39.30	38.14	N 35 18 4.78	−3.86	4.38
α Herculis	719.5	18.3	14.7	332 37	32.0 34.7 34.1 33.1	58.6 59.5 58.9 59.0	71.95	34.24	S 32 24 25.55	−3.66	26.17
κ Ophiuchi	719.7	18.0	14.9	330 44	84.0 83.1 84.2 85.3	60.9 60.9 59.4 61.3	72.87	36.65	S 34 17 27.02	−4.00	27.04
μ Herculis	719.7	17.7	14.7	345 52	36.3 36.1 38.3 38.0	10.5 11.6 10.7 11.4	24.40	18.70	S 19 8 57.05	−4.00	57.38
γ Draconis	719.7	17.7	14.7	0 34	43.5 44.3 43.7 43.8	12.0 11.6 11.2 10.9	27.60	4.31	N 4 33 29.25	−3.06	28.62

Observations de distances zénithales faites au cercle méridien de Berne, en 1869.

Étoile.	Barom.	Thermomètre.		Lecture du cercle			Réfraction.	Distance zénithale.	Niveau.	Seconde partie dist. zén.
		Inter.	Extér.	Microscope nord.	Microscope sud.	Moy.				

3 août (Suite).

Étoile			
δ Ursæ minoris	719,8	17,7	14,8
51 Cephei I	719,8	17,0	14,0
—5ᵐ 48ˢ—1 3ˢ,03			
β Lyræ	719,8	17,0	14,5
ξ Aquilæ	720,0	17,6	15,3
Nadir { c / c / c			

4 août.

Étoile			
α Ursæ majoris	719,0	19,9	24,0
α Ursæ minoris I	719,3	22,2	24,3
ω Draconis	719,3	22,1	22,5
ζ Herculis	719,4	22,2	21,8
η Ophiuchi	719,4	22,0	21,8
ε Ursæ minoris	719,5	21,8	21,0
α Herculis	719,5	21,8	20,5
α Ophiuchi	719,6	21,3	19,5
μ Herculis	719,6	21,1	21,3
γ Draconis	719,6	20,9	21,1
δ Ursæ minoris	719,7	20,7	20,6
51 Cephei I	719,9	20,6	10,6
β Lyræ	719,8	20,7	20,0
ξ Aquilæ	719,6	20,2	20,0
Nadir { δ n / c / δ s / c			

5 août.

Étoile			
α Ursæ minoris I	718,3	22,2	22,4
ζ Herculis	718,6	22,5	21,9
Nadir { c / c			

7 août.

Étoile			
α Ursæ minoris I	717,4	19,1	17,2
ζ Herculis	717,4	17,7	15,1
α Ophiuchi	717,5	17,7	15,0
ε Ursæ minoris	717,5	17,7	14,9
α Herculis	717,5	17,7	14,7
α Ophiuchi	717,5	17,7	14,4
μ Herculis	717,5	17,7	14,5
γ Draconis	717,5	18,2	15,2
δ Ursæ minoris	717,6	18,1	14,5
51 Cephei I	717,6	18,2	12,2
β Lyræ	717,6	18,3	16,0
ξ Aquilæ	717,5	18,4	14,2
Nadir { δ n / δ s / c			

8 août.

Étoile			
α Ursæ majoris	718,6	18,2	10,3
α Ursæ minoris I	716,8	19,6	20,8
α Ophiuchi	716,0	19,3	19,8
ω Draconis	716,0	19,7	18,7
ζ Herculis	716,0	19,0	18,3
η Ophiuchi	716,0	18,9	18,1
ε Ursæ minoris	716,2	18,3	17,3
α Herculis	716,3	18,3	17,3
α Ophiuchi	716,3	18,2	17,3
μ Herculis	716,4	18,3	16,9
γ Draconis	716,5	18,2	16,9
β Lyræ	716,5	17,9	16,3
ξ Aquilæ	716,5	17,7	16,0
Nadir { δ n / c / δ s / c			

Observations de distances zénithales faites au cercle méridien de Berne, en 1869.

ÉTOILE.	Barom.	Thermomètre Intér.	Thermomètre Extér.	LECTURE DU CERCLE (Microscope nord. / Microscope sud. / Moy.)	Réflexion.	Distance zénithale.	Niveau.	Seconde corrigée dist. zénith.
	mm	°	°					

11 août.

ÉTOILE.	Barom.	Th. Intér.	Th. Extér.
ζ Herculis	713,1	15,4	14,8
χ Ophiuchi	715,2	15,4	14,6
ε Ursae minoris	716,4	15,4	10,8
α Herculis	716,4	15,3	10,5
α Ophiuchi	715,7	15,8	10,2
μ Herculis	715,7	15,8	10,2
λ Draconis	715,8	15,3	10,3
Ursae minoris	715,9	15,3	10,7
51 Cephei I	716,0	15,4	9,8

$+ 1^m 6^s + 0'',11$

Nadir $\left\{ \begin{matrix} b & n \\ & c \\ b & x \\ & c \end{matrix} \right.$

12 août.

ÉTOILE.	Barom.	Th. Intér.	Th. Extér.
α Ursae majoris	717,6	16,5	17,2
Ursae minoris I	717,4	17,6	15,0
Ophiuchi	717,6	16,7	15,0
Draconis	717,5	16,6	15,8
Herculis	717,4	16,6	14,8
Ophiuchi	717,9	16,4	14,4
Ursae minoris	717,4	16,3	14,0
Herculis	717,6	15,7	13,8
Ophiuchi	717,7	15,7	13,4
Herculis	717,9	15,5	13,4
Draconis	717,9	15,3	13,3
Ursae minoris	717,9	15,2	13,2
51 Cephei I	718,0	15,2	12,9
Lyrae	718,0	16,0	12,0
Aquilae	718,0	16,1	11,6

Nadir $\left\{ \begin{matrix} b & n \\ & c \\ b & x \\ & c \end{matrix} \right.$

13 août.

ÉTOILE.	Barom.	Th. Intér.	Th. Extér.
α Ursae majoris	717,5	17,4	19,1
Ursae minoris I	716,8	18,4	20,6
Herculis	716,4	18,3	17,8
Ophiuchi	716,4	18,3	17,7
Ursae minoris	716,0	17,7	17,0
Herculis	716,0	17,7	17,0
Ophiuchi	716,7	17,0	16,7
Herculis	716,8	17,3	16,6
Draconis	716,8	17,4	16,6
Ursae minoris	716,8	17,4	16,0
51 Control I	717,0	17,0	15,0
Lyrae	717,0	16,7	14,4
Aquilae	717,1	16,7	14,4

Nadir $\left\{ \begin{matrix} b & n \\ & c \\ b & x \\ & c \end{matrix} \right.$

Les chiffres renfermés dans ces tableaux permettent d'obtenir une évaluation des erreurs accidentelles de division et des erreurs de pointer sur les traits. La lecture pour chacun des quatre traits, sur lesquels on a pointé avec l'un des microscopes dans l'observation d'une étoile, devrait s'accorder aux erreurs de pointer près, si l'intervalle entre les traits était parfaitement égal ; la différence entre la moyenne des quatre traits et chacun d'eux donne une valeur de la correction qui doit être appliquée à ce trait, en raison des irrégularités accidentelles de la division. Cette correction devant être la même pour toutes les observations faites sur le même trait, aux erreurs de pointer près, on obtient par l'ensemble des observations faites sur la même étoile et sur le même trait la valeur moyenne de la correction et son erreur moyenne, calculée par la somme des carrés des écarts. Je résume dans le tableau suivant la correction moyenne ainsi obtenue pour chacun des 64 traits qui ont passé sous le microscope nord, et au-dessous pour les 64 traits qui ont passé sous le microscope sud, en indiquant à côté de chaque correction son erreur moyenne résultant des erreurs accidentelles de pointer.

ÉTOILES	Nombre d'observations	Trait.	Correct. du trait.	Erreur moyenne.	Trait.	Correct. du trait.	Erreur moyenne.	Trait.	Correct. du trait.	Erreur moyenne.	Trait.	Correct. du trait.	Erreur moyenne.
		° '	"	±"	° '	"	±"	° '	"	±"	° '	"	±"
A. Microscope nord.													
δ Ophiuchi	7	314 40	−0,57	0,17	314 42	+0,58	0,09	314 44	−0,26	0 13	314 46	+0,26	0,10
x Ophiuchi	11	327 36	+0,53	0,06	327 38	−0,73	0,12	327 40	−1,14	0,13	327 42	−0,12	0,13
α Ophiuchi	10	330 42	+0,24	0,12	330 44	−0,33	0,11	330 46	−0,91	0,10	330 48	+1,00	0,10
ζ Aquilæ	6	331 42	+0,79	0,14	331 44	+0,26	0,13	331 46	+0,54	0,10	331 48	−1,59	0,24
α Herculis	12	332 34	−0,59	0,13	332 36	+0,22	0,07	332 38	+1,28	0,13	332 40	−0,91	0,08
μ Herculis ·	8	345 50	+0,25	0,19	345 52	+0,66	0,21	345 54	+0,32	0,11	345 56	−1,23	0,12
ζ Herculis	13	349 52	−0,58	0,12	349 54	−0,38	0,09	349 56	+0,24	0,12	349 58	+0,72	0,22
β Lyræ	6	351 14	+1,18	0,16	351 16	−0,15	0,15	351 18	−0,63	0,07	351 20	−0,40	0,14
γ Draconis	8	9 32	+0,03	0,13	9 34	−0,17	0,09	9 36	+0,44	0,14	9 38	−0,30	0,12
η Draconis	7	19 50	−0,09	0,17	19 52	+0,05	0,27	19 54	−0,35	0,12	19 56	+0,21	0,11
α Ursæ majoris	7	20 28	+0,47	0,07	20 30	+0,49	0,10	20 32	−0,88	0,08	20 34	−0,08	0,09
ε Ursæ minoris	12	40 16	−0,22	0,14	40 18	−0,11	0,06	40 20	−0,21	0,08	40 22	+0,54	0,14
δ Ursæ minoris	11	44 36	−0,03	0,16	44 38	+0,16	0,21	44 40	+0,30	0,21	44 42	−0,43	0,19
α Ursæ minoris I	11	49 24	−0,54	0,11	49 26	+1,10	0,10	49 28	−0,15	0,10	49 30	−0,41	0,16
51 Cephei I	6	50 46	−1,08	0,26	50 48	−0,45	0,20	50 50	+0,03	0,18	50 52	+0,60	0,25
Nadir	44	184 58	+0,29	0,07	185 0	−0,12	0,05	185 2	−0,33	0,05	185 4	+0,15	0,08
16 étoiles	179		±0,47	0,14		±0,37	0,13		±0,56	0,12		±0,56	0,14
B. Microscope sud.													
δ Ophiuchi	7	314 40	−0,30	0,06	314 42	+0,65	0,19	314 44	−0,49	0,11	314 46	+0,15	0,18
x Ophiuchi	11	327 36	+0,07	0,19	327 38	+0,30	0,15	327 40	−0,47	0,12	327 42	+0,10	0,09
α Ophiuchi	10	330 42	+0,28	0,13	330 44	−0,54	0,20	330 46	+0,25	0,15	330 48	+0,01	0,16
ζ Aquilæ	6	331 42	+0,69	0,11	331 44	−0,52	0,10	331 46	+0,24	0,12	331 48	−0,42	0,21
α Herculis	12	332 34	−0,34	0,20	332 36	+0,33	0,12	332 38	−0,31	0,11	332 40	−0,30	0,21
μ Herculis	8	345 50	+0,16	0,16	345 52	−0,92	0,13	345 54	−0,04	0,11	345 56	+0,12	0,18
ζ Herculis	13	349 52	−0,58	0,15	349 54	−0,27	0,10	349 56	+0,64	0,15	349 58	+0,21	0,10
β Lyræ	6	351 14	−0,22	0,13	351 16	+0,16	0,16	351 18	−0,08	0,11	351 20	+0,14	0,22
γ Draconis	8	9 32	−0,07	0,15	9 34	−0,23	0,13	9 36	+0,17	0,09	9 38	+0,13	0,18
η Draconis	7	19 50	+0,60	0,15	19 54	+0,26	0,09	19 56	−0,54	0,05	19 58	−0,32	0,26
α Ursæ majoris	7	20 28	+0,16	0,15	20 30	+0,43	0,08	20 32	−0,63	0,12	20 34	+0,04	0,11
ε Ursæ minoris	12	40 16	+0,23	0,16	40 18	+0,43	0,14	40 20	−0,39	0,11	40 22	−0,27	0,15
δ Ursæ minoris	11	44 36	−0,05	0,22	44 38	+0,14	0,17	44 40	−0,09	0,15	44 42	0	0,19
α Ursæ minoris I	11	49 24	−0,21	0,11	49 26	+0,84	0,15	49 28	−0,77	0,11	49 30	+0,14	0,19
51 Cephei I	6	50 46	−0,02	0,36	50 48	−1,03	0,10	50 50	+0,67	0,23	50 52	+0,38	0,28
Nadir	44	184 58	−0,62	0 07	185 0	+0,13	0,06	185 2	+0,20	0,06	185 4	+0,29	0,07
16 étoiles	179		±0,29	0,16		±0,43	0,13		±0,41	0,12		±0,19	0,17

Si de l'ensemble des observations on déduit l'erreur moyenne de pointer sur un trait, en ayant égard au nombre d'observations faites sur chacun d'eux, on trouve $\pm\ 0'',42$ avec le microscope nord, et $\pm\ 0'',47$ avec le microscope sud, donc une incertitude un peu plus grande avec le microscope sud, comme je l'avais déjà signalé. Dans la lecture moyenne du cercle faite sur 8 traits, pour l'observation d'une étoile, l'erreur moyenne de pointer est réduite à $\pm\ 0'',16$. Si l'on prend la moyenne arithmétique de la correction, abstraction faite du signe, pour les 64 traits qui ont passé sous le microscope nord, on trouve $\pm\ 0'',49$, chiffre qui se réduit à $\pm\ 0'',47$ en tenant compte des erreurs de pointer. Pour le microscope sud, la valeur moyenne de la correction est de $\pm\ 0'',33$, chiffre qui se réduit à $\pm\ 0'',30$, si l'on tient compte des erreurs de pointer. La valeur moyenne de la correction, provenant des erreurs accidentelles de division, est ainsi en moyenne de $\pm\ 0'',40$ pour un des 128 traits qui ont passé sous les deux microscopes.

Si l'on groupe les distances zénithales par étoiles, d'après l'ordre des déclinaisons, et si l'on calcule à l'aide de la déclinaison apparente la valeur correspondante de la latitude dans cette double alternative, soit que l'on ne tienne pas compte de la correction du niveau, soit que l'on en tienne compte, on trouve les résultats donnés ci-dessous. Au-dessous de la moyenne arithmétique des déterminations obtenues pour chaque étoile, dans les deux alternatives, j'indique son erreur moyenne déduite de la somme des carrés des écarts, et l'écart moyen d'une observation déduite de la moyenne arithmétique des écarts, abstraction faite du signe.

Détermination de la latitude par les distances zénithales.

DATE	Déclinaison apparente.			DISTANCE ZÉNITHALE				LATITUDE			
				sans correction du niveau.			avec correction.	sans correction du niveau.			avec correction.
	°	′	″	°	′	″	″	°	′	″	″

∂ Ophiuchi.

DATE	°	′	″	°	′	″	″	°	′	″	″
27 juillet	— 3	21	11,58	50	18	19,39	19,66	46	57	7,81	8,08
28 »			11,53			18,13	19,16			6,60	7,63
29 »			11,48			20,05	21,08			8,57	9,60
1 août			11,33			19,56	19,39			8,23	8,06
3 »			11,23			21,77	21,71			10,54	10,48
8 »			10,98			18,52	19,34			7,54	8,36
12 »			10,80			19,95	18,19			9,15	7,39
7 observations				moyenne arithmétique				46	57	8,35	8,51
				erreur moyenne						±0,48	±0,42
				écart moyen, 1 observation						±0,92	±0,87

ϰ Ophiuchi.

DATE	°	′	″	°	′	″	″	°	′	″	″
27 juillet	+ 9	35	1,80	37	22	6,36	6,80	46	57	8,16	8,60
28 »			1,90			5,00	6,97			6,90	8,87
29 »			2,00			3,02	4,10			5,02	6,10
1 août			2,29			5,81	6,19			8,10	8,48
3 »			2,48			5,02	4,79			7,50	7,27
4 »			2,57			3,99	3,51			6,56	6,08
7 »			2,83			6,78	6,83			9,61	9,66
8 »			2,90			4,81	4,26			7,71	7,16
11 »			3,11			5,44	5,36			8,55	8,47
12 »			3,17			4,48	2,85			7,65	6,02
13 »			3,23			5,17	4,96			8,40	8,19
11 observations				moyenne arithmétique				46	57	7,65	7,72
				erreur moyenne						±0,36	±0,38
				écart moyen, 1 observation						±0,84	±1,08

α Ophiuchi.

DATE	°	′	″	°	′	″	″	°	′	″	″
26 juillet	+12	39	39,24	34	17	27,83	27,50	46	57	7,07	6,74
29 »			39,63			26,84	27,45			6,47	7,08
1 août			39,99			27,13	27,23			7,12	7,24
3 »			40,21			27,02	27,04			7,23	7,25
4 »			40,31			26,75	27,93			7,06	8,24
7 »			40,62			26,58	26,80			7,20	7,42
8 »			40,73			26,22	26,10			6,95	6,84
11 »			41,04			25,86	25,90			6,90	6,94
12 »			41,14			25,32	24,24			6,46	5,38
13 »			41,27			26,53	25,34			7,80	6,61
10 observations				moyenne arithmétique				46	57	7,03	6,97
				erreur moyenne						±0,12	±0,23
				écart moyen, 1 observation						±0,26	±0,47

Détermination de la latitude par les distances zénithales.

DATE	Déclinaison apparente.	DISTANCE ZÉNITHALE		LATITUDE	
		sans correction du niveau.	avec correction.	sans correction du niveau.	avec correction.
	° ′ ″	° ′ ″	″	° ′ ″	″
ζ Aquilæ.					
3 août	+13 40 29,04	33 16 39,24	41,13	46 57 8,28	10,17
4 »	29,19	39,67	39,61	8,86	8,80
7 »	29,64	38,32	38,84	7,96	8,48
8 »	29,78	37,35	37,61	7,13	7,39
12 »	30,33	36,99	35,95	7,32	6,28
13 »	30,46	35,14	34,46	5,60	4,92
6 observations		moyenne arithmétique		46 57 7,53	7,67
		erreur moyenne		±0,46	±0,77
		écart moyen, 1 observation		±0,84	±1,48
α Herculis.					
26 juillet	+14 32 42,30	32 24 25,95	25,45	46 57 8,25	7,75
27 »	42,42	25,85	26,37	8,27	8,79
28 »	42,54	24,55	26,77	7,09	9,31
29 »	42,66	24,35	25,38	7,01	8,04
1 août	43,02	25,64	25,73	8,63	8,75
3 »	43,24	25,55	26,17	8,79	9,41
4 »	43,36	23,53	23,47	6,89	6,83
7 »	43,66	24,01	24,05	7,67	7,71
8 »	43,76	22,73	23,20	6,49	6,96
11 »	44,04	24,06	24,14	8,10	8,18
12 »	44,12	21,87	20,19	5,99	4,31
13 »	44,20	23,47	21,93	7,67	6,13
12 observations		moyenne arithmétique		46 57 7,57	7,68
		erreur moyenne		±0,25	±0,42
		écart moyen, 1 observation		±0,73	±1,08
μ Herculis.					
1 août	+27 48 12,18	19 8 58,61	58,52	46 57 10,79	10,70
3 »	12,51	57,05	57,33	9,56	9,84
4 »	12,67	56,31	57,15	8,98	9,82
7 »	13,12	56,77	57,03	9,89	10,15
8 »	13,27	53,87	54,00	7,14	7,27
11 »	13,69	53,90	53,94	7,59	7,63
12 »	13,83	53,58	53,35	7,41	7,18
13 »	13,96	54,75	54,53	8,71	8,49
8 observations		moyenne arithmétique		46 57 8,76	8,88
		erreur moyenne		±0,46	±0,50
		écart moyen, 1 observation		±1,05	±1,24

Détermination de la latitude par les distances zénithales.

DATE	Déclinaison apparente.			DISTANCE ZÉNITHALE				LATITUDE			
				sans correction du niveau.			avec correction.	sans correction du niveau.			avec correction.
	°	′	″	°	′	″	″	°	′	″	″
ζ Herculis.											
26 juillet	+31	50	45,63	13	6	24,50	23,92	46	57	10,13	9,55
27 »			45,77			21,24	21,42			7,01	7,19
28 »			45,91			19,78	21,41			5,69	7,32
29 »			46,05			21,50	22,33			7,55	8,58
1 août			46,44			21,97	22,30			8,41	8,74
3 »			46,69			22,07	21,79			8,76	8,48
4 »			46,82			20,38	20,19			7,20	7,01
5 »			46,93			22,07	22,32			9,00	9,25
7 »			47,15			20,87	20,92			8,02	8,07
8 »			47,25			19,87	18,73			7,12	5,98
11 »			47,53			22,23	22,23			9,76	9,76
12 »			47,62			21,46	19,53			9,08	7,15
13 »			47,70			21,39	22,07			9,09	9,77
13 observations				moyenne arithmétique				46	57	8,22	8,22
				erreur moyenne						±0,35	±0,34
				écart moyen, 1 observation						±1,03	±1,01
β Lyræ.											
3 août	+33	13	0,44	13	44	8,48	10,12	46	57	8,92	10,56
4 »			0,66			8,04	8,11			8,70	8,77
7 »			1,29			7,10	7,62			8,39	8,91
8 »			1,50			6,28	6,67			7,78	8,17
12 »			2,31			3,48	2,17			5,79	4,48
13 »			2,50			5,17	4,70			7,67	7,20
6 observations				moyenne arithmétique				46	57	7,88	8,01
				erreur moyenne						±0,46	±0,84
				écart moyen, 1 observation						±0,79	±1,45
γ Draconis.											
1 août	+51	30	37,31	4	33	27,61	27,70	46	57	9,70	9,61
3 »			37,73			29,25	28,63			8,48	9,10
4 »			37,94			28,81	28,14			9,13	9,80
7 »			38,54			28,78	28,48			9,76	10,06
8 »			38,74			28,28	28,23			10,46	10,51
11 »			39,31			29,71	29,37			9,60	9,94
12 »			39,50			30,35	31,81			9,15	7,69
13 »			39,69			30,79	30,88			8,90	8,81
8 observations				moyenne arithmétique				46	57	9,40	9,44
				erreur moyenne						±0,21	±0,31
				écart moyen, 1 observation						±0,48	±0,68

Détermination de la latitude par les distances zénithales.

η Draconis.

DATE	Déclinaison apparente.	Distance zénithale — sans correction du niveau.	Distance zénithale — avec correction.	Latitude — sans correction du niveau.	Latitude — avec correction.
	° ' "	° ' "	"	° ' "	"
28 juillet	+61 49 0,14	14 51 53,77	52,48	46 57 6,37	7,66
29 »	0,27	51,23	50,20	9,04	10,07
1 août	0,66	51,67	51,85	8,99	8,81
3 »	0,87	52,56	52,45	8,31	8,42
4 »	1,01	52,15	52,12	8,86	8,89
8 »	1,42	52,77	53,49	8,65	7,93
12 »	1,71	52,14	54,11	9,57	7,60
7 observations	moyenne arithmétique			46 57 8,54	8,48
	erreur moyenne			±0,39	±0,33
	écart moyen, 1 observation			±0,69	±0,66

α Ursæ majoris.

DATE	Déclinaison apparente.	Distance zénithale — sans correction du niveau.	Distance zénithale — avec correction.	Latitude — sans correction du niveau.	Latitude — avec correction.
28 juillet	+62 27 33,13	15 30 22,68	20,92	46 57 10,45	12,21
1 août	32,19	20,86	20,74	11,33	11,45
3 »	31,71	21,74	18,91	9,97	12,80
4 »	31,47	20,77	19,97	10,70	11,50
8 »	30,51	18,65	19,03	11,86	11,48
12 »	29,43	17,33	17,77	12,10	11,66
13 »	29,16	19,78	17,65	9,38	11,51
7 observations	moyenne arithmétique			46 57 10,83	11,80
	erreur moyenne			±0,38	±0,19
	écart moyen, 1 observation			±0,80	±0,40

ε Ursæ minoris.

DATE	Déclinaison apparente.	Distance zénithale — sans correction du niveau.	Distance zénithale — avec correction.	Latitude — sans correction du niveau.	Latitude — avec correction.
26 juillet	+82 15 12,96	35 18 3,59	4,09	46 57 9,37	8,87
27 »	13,13	3,99	3,55	9,14	9,58
28 »	13,30	4,96	2,82	8,34	10,48
29 »	13,47	3,87	2,84	9,60	10,63
1 août	13,94	3,53	2,94	10,41	11,00
3 »	14,24	4,78	4,38	9,46	9,86
4 »	14,39	5,87	5,89	8,52	8,50
7 »	14,79	5,63	5,58	9,16	9,21
8 »	14,91	5,40	5,65	9,51	9,26
11 »	15,25	5,02	5,32	10,23	9,93
12 »	15,35	4,31	6,03	11,04	9,32
13 »	15,45	5,70	6,77	9,75	8,68
12 observations	moyenne arithmétique			46 57 9,54	9,61
	erreur moyenne			±0,22	±0,23
	écart moyen, 1 observation			±0,55	±0,64

Détermination de la latitude par les distances zénithales.

DATE	Déclinaison apparente.			DISTANCE ZÉNITHALE				LATITUDE			
				sans correction du niveau.			avec correction.	sans correction du niveau.			avec correction.
	°	′	″	°	′	″	″	°	′	″	″
δ Ursæ minoris.											
26 juillet	+86	36	35,68	39	39	27,16	27,15	46	57	8,52	8,53
27 »			35,91			25,84	26,04			10,07	9,87
28 »			36,17			27,42	27,92			8,75	8,25
29 »			36,43			28,31	27,96			8,12	8,47
1 août			37,26			27,29	27,38			9,97	9,88
3 »			37,78			28,05	27,01			9,73	10,77
4 »			38,01			28,88	28,64			9,13	9,37
7 »			38,61			26,87	26,40			11,74	12,21
11 »			39,36			28,01	28,22			11,35	11,14
12 »			39,58			29,46	30,15			10,12	9,43
13 »			39,82			30,83	30,83			8,99	8,99
11 observations				moyenne arithmétique				46	57	9,68	9,72
				erreur moyenne						±0,34	±0,37
				écart moyen, 1 observation						±0,89	±0,96
α Ursæ minoris I.											
	180° − déclin. apparente.										
27 juillet	91	23	35,58	44	26	26,25	26,92	46	57	9,33	8,66
28 »			35,44			27,24	26,48			8,20	8,96
29 »			35,31			25,80	25,02			9,51	10,29
1 août			34,80			25,49	25,66			9,31	9,14
3 »			34,38			23,91	23,51			10,47	10,87
4 »			34,15			24,97	25,37			9,18	8,78
5 »			33,90			25,80	24,27			8,10	9,63
7 »			33,42			25,75	25,66			7,67	7,76
8 »			33,20			26,00	26,85			7,20	6,35
12 »			32,35			24,07	25,19			8,28	7,16
13 »			32,13			23,27	23,40			8,86	8,73
11 observations				moyenne arithmétique				46	57	8,74	8,76
				erreur moyenne						±0,28	±0,39
				écart moyen, 1 observation						±0,77	±0,93
54 Cephei I.											
3 août	92	45	51,69	45	48	42,99	41,61	46	57	8,70	10,08
4 »			51,93			43,19	43,08			8,74	8,85
7 »			52,62			41,28	40,72			11,34	11,90
11 »			53,53			41,47	41,09			12,06	12,44
12 »			53,75			42,77	42,95			10,98	10,80
13 »			53,96			44,34	44,55			9,62	9,41
6 observations				moyenne arithmétique				46	57	10,24	10,58
				erreur moyenne						±0,58	±0,57
				écart moyen, 1 observation						±1,22	±1,13

La comparaison de l'exactitude obtenue dans les deux alternatives montre que les observations de la même étoile, faites à différents jours, s'accordent sensiblement mieux entre elles, lorsque l'on ne tient pas compte de la correction du niveau. Pour 5 étoiles seulement sur les 15, l'application de cette correction réduit le chiffre de l'erreur moyenne et celui de l'écart moyen d'une observation, et encore pour 4 d'entre elles la différence est pour ainsi dire insensible. Pour les 10 autres étoiles, l'application de la correction du niveau augmente l'erreur, et si l'on prend l'ensemble des 135 observations faites sur les 15 étoiles, on trouve $\pm$ 0″,78 pour l'écart moyen d'une observation en ne tenant pas compte de la correction du niveau, et $\pm$ 0″,92 en en tenant compte. Il paraît ainsi évident que la correction donnée par la lecture du niveau ne correspond pas, pour la majeure partie du moins et dans le plus grand nombre des cas, à une variation réelle dans la position du cercle alhidade, mais que ces variations doivent être attribuées, pour la part la plus considérable, au niveau seul. J'ai préféré, par conséquent, adopter la première hypothèse et supposer que le cercle alhidade fût resté invariable pendant l'intervalle de temps écoulé entre l'observation d'une étoile et celle du nadir, plutôt que de chercher à tenir compte des petites variations qu'il aurait pu éprouver par un moyen qui augmentait l'incertitude au lieu de la diminuer.

On peut voir du reste par la comparaison du chiffre obtenu pour la latitude dans les deux alternatives, que pour presque toutes les étoiles la différence entre les deux valeurs est pour ainsi dire insensible, et bien en dedans de la limite des erreurs. Le résultat final obtenu pour la latitude ne serait donc pas changé d'une manière appréciable, si l'on voulait tenir compte de la correction du niveau ; mais le chiffre représentant l'incertitude du résultat serait sensiblement augmenté. La seule étoile, pour laquelle la différence soit assez considérable et dépasse la limite des erreurs, est α Ursæ majoris, mais cette étoile qui donne pour la latitude un chiffre sensiblement plus fort que les autres, s'en écarte encore beaucoup plus en tenant compte de la correction du niveau, ce qui rend la convenance de l'appliquer encore plus douteuse.

Si l'on compare maintenant les valeurs de la latitude trouvées par les différentes étoiles, et en adoptant d'après ce qui vient d'être dit celles obtenues dans la première alternative, c'est-à-dire en ne tenant pas compte de la correction du niveau, on peut signaler des différences qui suivent une marche systématique, tout en laissant d'une étoile à l'autre des écarts qui dépassent la limite des erreurs. Le chiffre obtenu pour la latitude va en augmentant à partir des étoiles culminant à la distance la plus grande au sud du zénith, jusqu'à celles qui culminent à la distance la plus grande au nord du zénith, ce qui indique un effet de flexion de la lunette agissant dans ce sens, que les distances zénithales observées sont trop faibles. Si l'on prend la moyenne des valeurs données par les 8 étoiles culminant au sud du zénith, on trouve 46° 57′ 7″,87 la valeur moyenne du sinus de la distance zénithale étant 0,481 ; la valeur moyenne de la latitude donnée par les 7 étoiles culminant au nord du zénith est 46° 57′ 9″,57, la valeur moyenne du sinus de la distance zénithale étant 0,462.

L'on voit ainsi que, dans la moyenne obtenue par les 15 étoiles, l'effet de la flexion est pour ainsi dire complétement éliminé, et de la différence entre les moyennes des deux séries résulterait 1″,80 pour le coefficient de la flexion. Il m'a semblé toutefois préférable de déterminer ce coefficient par la méthode des moindres carrés de l'ensemble des 15 étoiles, en attribuant à chacune d'elles le même poids ; je suis arrivé ainsi à la valeur de 1″,567 pour le coefficient de la flexion, avec une erreur moyenne de $\pm$ 0″,353. Si l'on calcule la correction qui doit être appliquée à la latitude observée pour tenir compte de la flexion, d'après la valeur de ce coefficient, on arrive au résumé suivant.

Détermination de la latitude en tenant compte de la flexion.

ÉTOILE	Nombre d'observ.	Erreur moyenne.	Latitude observée.			Correction flexion.	Latitude corrigée.	Écart.
		± "	o	'	"	"	"	"
δ Ophiuchi	7	0,48	46	57	8,35	+1,20	9,55	+0,82
× Ophiuchi	11	0,36			7,65	+0,95	8,60	—0,13
α Ophiuchi	10	0,12			7,03	+0,88	7,91	—0,82
ζ Aquilæ	6	0,46			7,53	+0,86	8,39	—0,34
ω Herculis	12	0,25			7,57	+0,84	8,41	—0,32
μ Herculis	8	0,46			8,76	+0,51	9,27	+0,54
ζ Herculis	13	0,35			8,22	+0,41	8,63	—0,10
β Lyræ	6	0,46			7,88	+0,37	8,25	—0,48
γ Draconis	8	0,21			9,40	—0,12	9,28	+0,55
η Draconis	7	0,39			8,54	—0,40	8,14	—0,59
α Ursæ majoris	7	0,38			10,83	—0,42	10,41	+1,68
ε Ursæ minoris	12	0,22			9,54	—0,91	8,63	—0,10
δ Ursæ minoris	11	0,34			9,68	—1,00	8,68	—0,05
α Ursæ minoris 1	11	0.28			8,74	—1,10	7,64	—1,09
51 Cephei I	6	0,58			10,24	—1,12	9,12	+0,39
15 étoiles	135	0,36	Moyenne arithmétique		46° 57' 8",73			± 0,53
			erreur moyenne		±0,18			
			erreur probable		±0,12			

La moyenne arithmétique de la valeur corrigée de la latitude donnée
par les 15 étoiles est

$$46^\circ \quad 57' \quad 8,73''$$

erreur moyenne	± 0,18
erreur probable	± 0,12

La moyenne arithmétique du chiffre de l'écart pour une étoile, abstraction faite du signe, est ± 0″,53, et si l'on tient compte de l'erreur
moyenne ± 0″,36 dans la détermination obtenue par une étoile, on a
± 0″,39 pour l'écart dû aux erreurs de l'instrument et à l'incertitude
sur la déclinaison des étoiles.

Comme le nombre des observations varie d'une étoile à l'autre, ainsi
que l'erreur moyenne dont chaque détermination est affectée, on est
conduit à tenir compte de cette circonstance, en attribuant à chaque

étoile des poids différents basés, soit sur le nombre des observations, soit sur l'accord entre elles des observations faites sur la même étoile. Je n'ai pas cru devoir faire un nouveau calcul de la flexion, en attribuant à chaque étoile un poids déterminé par l'une ou par l'autre de ces circonstances, parce que l'effet de la flexion est presque complétement éliminé dans la moyenne des étoiles observées au sud et au nord du zénith ; la modification qui serait résultée de l'introduction des poids dans la valeur du coefficient de la flexion aurait été très-légère, et n'aurait pas sensiblement modifié le résultat. Le meilleur moyen de tenir compte du nombre et de l'exactitude des observations de chaque étoile m'a semblé être le groupement des observations par jours, vu qu'une petite incertitude sur le coefficient de la flexion est également à peu près éliminée dans la moyenne des étoiles australes et boréales observées le même jour. Je donne dans le tableau suivant la valeur de la latitude déduite de la distance zénithale corrigée de la flexion pour chaque étoile observée le même jour ; au-dessous de la moyenne de chaque jour est inscrite son erreur moyenne, calculée par la somme des carrés des écarts de chaque étoile avec la moyenne.

Détermination de la latitude en groupant les observations par jours.

ÉTOILE	Latitude corrigée de la flexion.
	° ′ ″
26 juillet.	
ζ Herculis . . .	46 57 10,54
ε Ursæ minoris. .	8,46
α Herculis . . .	9,09
α Ophiuchi . . .	7,95
δ Ursæ minoris. .	7,52
5 étoiles, moyenne arithmétique	8,71
erreur moyenne	± 0,53
27 juillet.	
α Ursæ minoris 1 .	46 57 8,23
δ Ophiuchi . . .	9,01
ζ Herculis . . .	7,42
κ Ophiuchi . . .	9,11
ε Ursæ minoris. .	8,23
α Herculis . . .	9,11
δ Ursæ minoris. .	9,07
7 étoiles, moyenne arithmétique	8,60
erreur moyenne	± 0,25
28 juillet.	
α Ursæ majoris. .	46 57 10,03
α Ursæ minoris I .	7,10
δ Ophiuchi . . .	7,80
η Draconis . . .	5,97
ζ Herculis . . .	6,10
κ Ophiuchi . . .	7,85
ε Ursæ minoris. .	7,43
α Herculis . . .	7,93
δ Ursæ minoris. .	7,75
9 étoiles, moyenne arithmétique	7,55
erreur moyenne	± 0,40
29 juillet.	
α Ursæ minoris I .	46 57 8,41
δ Ophiuchi . . .	9,77
η Draconis . . .	8,64
ζ Herculis . . .	7,96
κ Ophiuchi . . .	5,97
ε Ursæ minoris. .	8,69
α Herculis . . .	7,85
α Ophiuchi . . .	7,35
δ Ursæ minoris. .	7,12
9 étoiles, moyenne arithmétique	7,97
erreur moyenne	± 0,36

ÉTOILE	Latitude corrigée de la flexion.
	° ′ ″
1er août.	
α Ursæ majoris. .	46 57 10,91
α Ursæ minoris I .	8,21
δ Ophiuchi . . .	9,43
η Draconis . . .	8,59
ζ Herculis . . .	8,82
κ Ophiuchi . . .	9,05
ε Ursæ minoris. .	9,50
α Herculis . . .	9,47
α Ophiuchi . . .	8,00
μ Herculis . . .	11,30
γ Draconis . . .	9,58
δ Ursæ minoris. .	8,97
12 étoiles, moyenne arithmétique	9,32
erreur moyenne	± 0,28
3 août.	
α Ursæ majoris. .	46 57 9,55
α Ursæ minoris I .	9,37
δ Ophiuchi . . .	11,74
η Draconis . . .	7,91
ζ Herculis . . .	9,17
κ Ophiuchi . . .	8,45
ε Ursæ minoris. .	8,55
α Herculis . . .	9,63
α Ophiuchi . . .	8,11
μ Herculis . . .	10,07
γ Draconis . . .	8,36
δ Ursæ minoris. .	8,73
51 Cephei I . . .	7,58
β Lyræ . . .	9,29
ζ Aquilæ . . .	9,14
15 étoiles, moyenne arithmétique	9,04
erreur moyenne	± 0,26
4 août.	
α Ursæ majoris. .	46 57 10,28
α Ursæ minoris I .	8,08
η Draconis . . .	8,46
ζ Herculis . . .	7,61
κ Ophiuchi . . .	7,51
ε Ursæ minoris. .	7,61
α Herculis . . .	7,73
α Ophiuchi . . .	7,94
μ Herculis . . .	9,49
γ Draconis . . .	9,01

Détermination de la latitude en groupant les observations par jours.

Left column

ÉTOILE	Latitude corrigée de la flexion.		
	°	′	″
4 août (suite).			
δ Ursæ minoris . .	46	57	8,13
51 Cephei I . . .			7,62
β Lyræ			9,07
ζ Aquilæ . . .			9,72
14 étoiles, moyenne arithmétique			8,45
erreur moyenne			± 0,24
5 août.			
α Ursæ minoris I .	46	57	7,00
ζ Herculis . . .			9,41
2 étoiles, moyenne arithmétique			8,21
erreur moyenne			± 1,20
7 août.			
α Ursæ minoris I .	46	57	6,57
ζ Herculis . . .			8,43
x Ophiuchi . . .			10,56
ε Ursæ minoris . .			8,25
α Herculis . . .			8,51
α Ophiuchi . . .			8,08
μ Herculis . . .			10,40
γ Draconis . . .			9,64
δ Ursæ minoris . .			10,74
51 Cephei I . . .			10,22
β Lyræ			8,76
ζ Aquilæ . . .			8,82
12 étoiles, moyenne arithmétique			9,08
erreur moyenne			± 0,36
8 août.			
α Ursæ majoris . .	46	57	11,44
α Ursæ minoris I .			6,10
δ Ophiuchi . . .			8,74
η Draconis . . .			8,25
ζ Herculis . . .			7,53
x Ophiuchi . . .			8,66
ε Ursæ minoris . .			8,60
α Herculis . . .			7,33
α Ophiuchi . . .			7,83
μ Herculis . . .			7,65
γ Draconis . . .			10,34
β Lyræ			8,15
ζ Aquilæ . . .			7,99
13 étoiles, moyenne arithmétique			8,35
erreur moyenne			± 0,37

Right column

ÉTOILE	Latitude corrigée de la flexion.		
	°	′	″
11 août.			
ζ Herculis . . .	46	57	10,17
x Ophiuchi . . .			9,50
ε Ursæ minoris . .			9,32
α Herculis . . .			8,94
α Ophiuchi . . .			7,78
μ Herculis . . .			8,10
γ Draconis . . .			9,48
δ Ursæ minoris . .			10,35
51 Cephei I . . .			10,94
9 étoiles, moyenne arithmétique			9,40
erreur moyenne			± 0,34
12 août.			
α Ursæ majoris . .	46	57	11,68
α Ursæ minoris I .			7,18
δ Ophiuchi . . .			10,35
η Draconis . . .			9,17
ζ Herculis . . .			9,49
x Ophiuchi . . .			8,60
ε Ursæ minoris . .			10,13
α Herculis . . .			6,83
α Ophiuchi . . .			7,34
μ Herculis . . .			7,92
γ Draconis . . .			9,03
δ Ursæ minoris . .			9,12
51 Cephei I . . .			9,86
β Lyræ			6,16
ζ Aquilæ . . .			8,18
15 étoiles, moyenne arithmétique			8,74
erreur moyenne			± 0,38
13 août.			
α Ursæ majoris . .	46	57	8,96
α Ursæ minoris I .			7,76
ζ Herculis . . .			9,50
x Ophiuchi . . .			9,35
ε Ursæ minoris . .			8,84
α Herculis . . .			8,51
α Ophiuchi . . .			8,68
μ Herculis . . .			9,22
γ Draconis . . .			8,78
δ Ursæ minoris . .			7,99
51 Cephei I . . .			8,50
β Lyræ			8,04
ζ Aquilæ . . .			6,46
13 étoiles, moyenne arithmétique			8,51
erreur moyenne			± 0,22

J'ai résumé dans le tableau suivant les résultats obtenus pour la latitude en les groupant par jours ; j'indique non-seulement le nombre des étoiles observées, mais aussi l'erreur moyenne qui affecte la détermination du nadir et qui modifie de la même quantité, et dans le même sens, la latitude pour toutes les étoiles observées le même jour. Il m'a semblé préférable de prendre pour le chiffre de l'erreur moyenne du lieu du nadir celui qui est donné par le nombre des observations, en partant de l'erreur moyenne d'une détermination isolée d'après l'ensemble de toutes les observations ; ainsi que je l'ai déjà fait remarquer, il peut arriver, et le cas s'est présenté, que les deux seules déterminations du nadir faites le même soir donnent presque identiquement le même résultat, cet accord étant purement accidentel. L'incertitude réelle sur le lieu du nadir ne correspondrait pas dans ce cas à l'erreur déduite de l'accord de ces deux observations, et les poids calculés d'après cet accord seraient illusoires. En prenant ainsi pour l'incertitude $\pm\,\varepsilon$ du lieu du nadir l'erreur moyenne déduite du nombre des observations, et en désignant par $\pm\,\varepsilon'$ l'erreur moyenne déduite de l'accord entre elles des étoiles observées le même jour, l'incertitude qui affecte la valeur de la latitude pour ce jour sera

$$\pm\ \sqrt{\varepsilon^2 + \varepsilon'^2}$$

Les poids indiqués dans la colonne suivante sont calculés proportionnellement à

$$\frac{1}{\varepsilon^2 + \varepsilon'^2}$$

l'unité de poids correspondant à l'erreur

$$\pm\ \sqrt{\varepsilon^2 + \varepsilon'^2}\ =\ \pm\ 0'',46.$$

DATE	Nombre d'étoiles.	Erreur moyenne,		$\sqrt{\varepsilon^2+\varepsilon'^2}$	Poids.	Latitude.			Écart avec la moyenne arithm.
		Nadir ε	Étoiles ε'						
		$\pm$ "	$\pm$ "	$\pm$ "		°	'	"	"
26 juillet	5	0,30	0,53	0,61	0,57	46	57	8,71	$+$0,10
27 »	7	0,30	0,25	0,39	1.39			8,60	$-$0,01
28 »	9	0,43	0,40	0,59	0,61			7,55	$-$1,06
29 »	9	0,35	0,36	0,50	0,84			7.97	$-$0,64
1 août	12	0,43	0,28	0,51	0,80			9,32	$+$0,71
3 »	15	0,35	0,26	0,44	1,11			9,04	$+$0,43
4 »	14	0,30	0,24	0,38	1,43			8.45	$-$0,16
5 »	2	0,43	1,20	1,27	0,13			8,21	$-$0,40
7 »	12	0,30	0,36	0,47	0,96			9,08	$+$0,47
8 »	13	0,30	0,37	0,48	0,92			8,35	$-$0,26
11 »	9	0,30	0,34	0,45	1,03			9,40	$+$0,79
12 »	15	0,30	0,38	0,48	0,92			8,74	$+$0,13
13 »	13	0,30	0,22	0,37	1,53			8,51	$-$0,10
13 jours	135			0,46	12,24				$\pm$0,40

Moyenne arithmétique 46 57 8,61
erreur moyenne $\pm$ 0,15
erreur probable $\pm$ 0,10

Moyenne probable 46 57 8,66
erreur moyenne $\pm$ 0,13
erreur probable $\pm$ 0,09

Si l'on voulait prendre simplement la moyenne arithmétique des 13 jours, on aurait pour la latitude

$$46° \quad 57' \quad 8,61''$$

$$\text{erreur moyenne} \quad \pm\ 0,15$$

$$\text{erreur probable} \quad \pm\ 0,10$$

l'erreur moyenne étant déduite de la somme des carrés des écarts; l'écart moyen calculé par la moyenne arithmétique des écarts indiqués dans la dernière colonne, prise abstraction faite du signe, est de $\pm 0'',40$, chiffre plus faible que la moyenne arithmétique de l'incertitude

$$\pm\ \sqrt{\varepsilon^2+\varepsilon'^2}$$

Donc, en prenant simplement la moyenne arithmétique, les différents jours s'accordent entre eux et avec cette moyenne dans les limites de l'incertitude moyenne d'un jour isolé.

Il convient, néanmoins, de tenir compte à la fois du nombre des observations et de leur plus ou moins grande exactitude, en calculant une moyenne probable, d'après les poids indiqués pour chaque jour dans le tableau précédent. On arrive ainsi à la valeur définitive de la latitude :

$$46° \quad 57' \quad 8,66''$$

$$\text{erreur moyenne} \quad \pm \ 0,13$$

$$\text{erreur probable} \quad \pm \ 0,09$$

L'erreur moyenne d'un jour isolé, réduite à l'unité de poids, est $\pm\ 0'',47$, donc presque identiquement la même que celle qui correspond à l'unité de poids. La moyenne probable ne diffère de la moyenne arithmétique que d'une très-petite quantité $0'',05$; elle me paraît cependant devoir être adoptée par cette double considération, que l'incertitude déduite de l'accord des jours entre eux est plus faible, et que la moyenne probable a été obtenue en tenant compte du nombre et de la qualité des observations. Cette moyenne probable ne diffère non plus que de $0'',07$ de la moyenne arithmétique (voyez page 110) des valeurs données pour la latitude par les 15 étoiles, en groupant les observations par étoiles et non par jours.

Dans tous les cas, on peut regarder la détermination de la latitude de l'observatoire de Berne d'après ces observations, comme étant exacte à un dixième de seconde près.

CHAPITRE IX

Observations du pendule et détermination de la pesanteur.

Le pendule à réversion a été installé, à l'observatoire de Berne, près de la fenêtre, façade nord-est, de la salle affectée aux instruments météorologiques, salle qui se trouve au rez-de-chaussée du bâtiment au-dessus d'une cave voûtée. On a pu ainsi placer le pilier destiné à le recevoir sur un massif de maçonnerie élevé sur la voûte même, et isolé du plancher. D'après une communication que je dois à l'obligeance de M. le prof. Forster, directeur actuel de l'observatoire, ce pilier est de 7^m,70 au nord, et de 6^m,30 à l'est du centre de l'instrument méridien. Quant à la hauteur du centre de figure du pendule, j'ai pu la rattacher à une ligne de niveau tracée sur la paroi à la hauteur de la cuvette du baromètre, et dont la cote rapportée au repère de la pierre du Niton est de + 198^m,62 (voyez Nivellement fédéral, 2me livraison, page 160). Le centre de figure du pendule était à 0^m,18 au-dessous de cette ligne de niveau, par conséquent à la cote 198^m,44. Les paragraphes suivants renferment les résultats des observations faites et réduites suivant le même système que dans les autres stations, et en particulier au Weissenstein (voyez page 60 et suivantes).

§ 1.

Mesures de longueur du pendule.

Les résultats de ces mesures sont donnés dans les deux tableaux ci-dessous, sous la même forme que précédemment.

DATE 1869.	Mode de suspension.	Intervalle entre les couteaux obscurs.		Intervalle entre les couteaux clairs.		Différence couteaux obsc. moins couteaux clairs.	Moyenne de l'intervalle entre les couteaux obscurs et les couteaux clairs.	
		Température	Longueur.	Température	Longueur.		Température	Longueur.
26 juillet . .	R O H	21,85	248,48496	22,17	248,48319	+0,00181	22,01	248,48408
27 » . .	R E H	21,45	,48614	21,67	,48467	+0,00150	21,56	,48540
31 » . .	R O B	24,37	,48493	24,55	,48344	+0,00151	24,46	,48419
1 août . .	R E B	22,42	,48561	22,80	,48443	+0,00123	22,61	,48502
2 » . .	R O H	19,72	,48417	20,30	,48337	+0,00088	20,01	,48377
6 » . .	R E H	20,50	,48675	20,90	,48509	+0,00172	20,70	,48592
6 » . .	R E B	20,75	,48693	20,87	,48448	+0,00247	20,81	,48570
7 » . .	R O B	18,27	,48546	18,63	,48415	+0,00136	18,45	,48480

DATE	Disque plein en haut. λ à 16°,25.	DATE	Disque plein en bas. λ' à 16°,25.
31 juillet . .	248,48304	26 juillet . .	248,48327
1 août . .	,48413	27 » . .	,48466
6 » . .	,48506	2 août . .	,48324
7 » . .	,48449	6 » . .	,48530
Moyenne . .	248,48418	Moyenne . .	248,48412
Erreur moyenne	±0,000425	Erreur moyenne	±0,000515

La différence moyenne de la longueur de l'intervalle entre les couteaux obscurs et les couteaux clairs, réduite à la même température, est de ± 0ˡ,00156 avec une erreur moyenne de ± 0ˡ,00017. Cette différence est un peu plus grande que celle que j'avais obtenue dans les autres stations ; on trouve en effet en réunissant les différentes valeurs :

		Nombre de mesures	Différence entre couteaux obscurs et clairs	Erreur moyenne	Poids	Écart avec la moyenne probable
1864-66	Genève	32	+ 0ˡ,00060	± 0ˡ,00020	1,0	— 0ˡ,00037
1867	Righi-Kulm	8	0,00124	0,00030	0,44	+ 0,00027
1868	Weissenstein	8	0,00075	0,000165	1,47	— 0,00022
1869	Berne	8	0,00156	0,00017	1,38	+ 0,00059
1871	Genève	12	0,00083	0,00015	1,78	— 0,00014

En donnant à chaque détermination un poids calculé d'après son erreur, l'unité de poids correspondant à $\pm\ 0^l,00020$, on trouve pour la moyenne probable des 5 valeurs $+0^l,000967$, avec une erreur moyenne de $\pm\ 0^l,000176$. L'écart moyen d'une détermination est de $\pm\ 0^l,00032$; comme il dépasse notablement le chiffre moyen de l'erreur d'une détermination, savoir $\pm\ 0^l,00020$, il faut en conclure que les circonstances différentes d'éclairage, d'une station à l'autre, ont produit des variations dans l'irradiation.

D'après le second tableau on a

$$\lambda' - \lambda = -\ 0^l,00006\ \pm\ 0^l,00067$$

et
$$\frac{\lambda' + \lambda}{2} = 248^l,48415\ \pm\ 0^l,000335$$

Les observations de Berne donnent ainsi un très-léger excédant de longueur pour l'intervalle entre les couteaux, lorsque le disque plein est en haut, contrairement à ce qui a été trouvé dans les autres stations. Néanmoins, comme la différence entre le chiffre obtenu à Berne et la moyenne probable $+\ 0^l,00053\ \pm\ 0^l,00017$, déduite des observations faites dans toutes les stations, est de $0^l,00059$, par conséquent en dedans des limites de l'incertitude de la valeur trouvée à Berne, je n'ai pas hésité à appliquer à l'intervalle moyen dans les deux modes de suspension, savoir

$$\frac{\lambda + \lambda'}{2} = 248^l,48415$$

la moyenne probable de

$$\frac{\lambda' - \lambda}{2} = +\ 0^l,000265\ \pm\ 0^l,000085$$

pour en déduire les valeurs définitives, à Berne, de

$$\lambda = 248^l,483885\ \pm\ 0^l,000345$$
$$\lambda' = 248^l,484415\ \pm\ 0^l,000345$$

§ 2.

Détermination du centre de gravité du pendule.

Les 4 mesures faites le 10 août m'ont donné les valeurs suivantes de la distance *IG* du centre de gravité au centre de figure, et des distances *h* et *h'* du centre de gravité au couteau le plus rapproché et au couteau le plus éloigné.

IG	*h*	*h'*
$37^l,49$	$86^l,77$	$161^l,71$
$37^l,485$	$86^l,755$	$161^l,725$
$37^l,46$	$86^l,78$	$161^l,70$
$37^l,48$	$86^l,76$	$161^l,72$
Moyenne $37^l,474$	$86^l,766$	$161^l,714$

Ces moyennes, qui s'accordent à une très-petite fraction près avec celles obtenues dans les autres stations, ont été employées dans le calcul de γ, et des corrections

$$\frac{\lambda\gamma}{h}, \frac{\lambda\gamma}{h'}.$$

§ 3.

Détermination de l'intervalle de temps employé pour 5000 oscillations.

Dans l'observation des passages d'un point de repère sur la monture des couteaux, la lunette était placée à $4^m,35$ à l'ouest du pendule. Les trois déterminations de la parallaxe des plumes faites chaque jour, pour s'assurer de la constance de leur position relative, et pour évaluer l'erreur qui serait produite dans l'enregistrement électrique par leur déplacement, ont donné les résultats suivants :

DATE 1869.	1re détermination.		2me détermination.		3me détermination.	
	Corr. parallaxe.	Erreur moyenne.	Corr. parallaxe.	Erreur moyenne.	Corr. parallaxe.	Erreur moyenne.
	s	± s	s	± s	s	± s
25 juillet	—0,0932	0,0008	—0,0911	0,0008	—0,0908	0,0011
26 »	—0,0762	0,0020	—0,0745	0,0009	—0,0762	0,0009
27 »	—0,0871	0,0007	—0,0856	0,0010	—0,0850	0,0008
29 »	—0,0823	0,0011	—0,0817	0,0008	—0,0817	0,0008
30 »	—0,0844	0,0011	—0,0865	0,0010	—0,0869	0,0012
31 »	—0,0705	0,0006	—0,0714	0,0010	—0,0723	0,0008
1 août	—0,0790	0,0010	—0,0790	0,0008	—0,0787	0,0008
2 »	—0,0793	0,0011	—0,0796	0,0012	—0,0772	0,0013
3 »	—0,0868	0,0004	—0,0868	0,0008	—0,0853	0,0012
4 »	—0,0886	0,0011	—0,0881	0,0010	—0,0886	0,0012

Chacune de ces déterminations repose sur la moyenne de 16 signaux donnés à l'aide du manipulateur spécial décrit dans le mémoire sur la longitude du Righi-Kulm. L'erreur moyenne de l'une des 30 déterminations est de $\pm 0^s,0010$, et celle de l'un des 480 signaux est de $\pm 0^s,0039$. Pour chacun des 10 jours, les trois déterminations s'accordent dans les limites de leur exactitude, à peu de chose près, et dans aucun cas l'erreur dans l'enregistrement électrique, qui pourrait provenir du déplacement de la position relative des deux plumes, ne s'élève à un millième de seconde, quantité qui est tout à fait insensible sur la durée de 3000 oscillations.

La marche du chronomètre a été déduite des observations faites à la lunette méridienne de Berne (voyez détermination télégraphique de la différence de longitude entre des stations suisses, page 138).

Voici pour les jours, où les oscillations du pendule ont été observées, la correction horaire du chronomètre sur le temps sidéral, d'après la marche obtenue à l'endroit indiqué. Pour les jours où les circonstances atmosphériques n'avaient pas permis l'observation d'étoiles, et où par conséquent la marche devait être conclue d'observations plus espacées, comme du 29 juillet au 1er août et du 1er au 3 août, on avait pour contrôle de la marche du chronomètre celle de la pendule sidérale de Tiede de l'observatoire de Berne, à laquelle le chronomètre était comparé tous les jours.

		Correction horaire
25	juillet	$+$ 0,1650
26	»	$+$ 0,1608
27	»	$+$ 0,1553
29	»	$+$ 0,1654
30	»	$+$ 0,1775
31	»	$+$ 0,1817
1	août	$+$ 0,1733
2	»	$+$ 0,1630
3	»	$+$ 0,1546
4	»	$+$ 0,1496

La marche du chronomètre a été, comme on le voit, très-régulière pendant cet intervalle de temps, les variations de marche d'un jour à l'autre sont partout très-faibles.

Le tableau suivant donne maintenant pour chacun des 10 jours la durée de 3000 oscillations, telle qu'elle résulte dans chaque mode de suspension de l'enregistrement des passages impairs et pairs, et la durée réduite en temps sidéral.

(Voyez le tableau ci-contre.)

D'après l'ensemble des observations, l'erreur moyenne sur un intervalle obtenu par la différence entre deux passages impairs correspondants est de $\pm$ 0ˢ,0325, et celle sur un intervalle obtenu par la différence entre deux passages pairs est de $\pm$ 0ˢ,0317, en moyenne ainsi de $\pm$ 0ˢ,0321, ce qui correspond à une erreur moyenne de $\pm$ 0ˢ,0227 dans l'observation d'un passage, le nombre total de passages observés étant de 6716.

| Mode de suspension. | Température. | | Durée de 3000 oscillations donnée par l'enregistrement. | | | | | | | Réduction au temps sidéral. | Durée de 3000 oscillations en temps sidéral. |
| | Commencement. | Fin. | Passages impairs. | | Passages pairs. | | Moyenne passages pairs et impairs. | | | | |
			Durée.	Erreur moy. 1 intervalle.	Durée.	Erreur moy. 1 intervalle.	Nombre total d'intervalles.	Durée moyenne.	Erreur moyenne.		
	°	°	s	± s	s	± s		s	± s	s	s
1869. 25 juillet. Baromètre à 0° 709^{mm},2.											
R O H	23,30	23,25	2260,2323	0,042	2260,2528	0,038	158	2260,2425	0,0032	+0,1036	2260,3461
R O B	23,25	22,00	,6751	0,041	,6664	0,037	166	,6707	0,0030	+0,1036	7743
26 juillet. Baromètre à 0° 711^{mm},8.											
R E H	21,20	21,10	2260,2565	0,025	2260,2520	0,028	168	2260,2542	0,0020	+0,1010	2260,3552
R E B	21,10	21,20	,6511	0,037	,6545	0,034	168	,6528	0,0027	+0,1010	,7538
27 juillet. Baromètre à 0° 712^{mm},9.											
R E H	21,20	21,30	2260,2310	0,028	2260,2278	0,031	170	2260,2294	0,0023	+0,0975	2260,3269
R E B	21,40	21,45	,6330	0,030	,6274	0,030	168	,6302	0,0023	+0,0975	,7277
29 juillet. Baromètre à 0° 716^{mm},0.											
R O H	22,90	23,10	2260,2572	0,030	2260,2586	0,027	170	2260,2579	0,0022	+0,1039	2260,3618
R O B	23,20	23,40	,6711	0,036	,6734	0,032	170	,6722	0,0026	+0,1039	,7761
30 juillet. Baromètre à 0° 717^{mm},4.											
R E H	24,60	24,60	2260,2606	0,030	2260,2593	0,032	168	2260,2600	0,0024	+0,1115	2260,3715
R E B	24,60	25,00	,6876	0,035	,6930	0,033	168	,6903	0,0026	+0,1115	,8018
31 juillet. Baromètre à 0° 715^{mm},4.											
R O B	24,60	25,00	2260,6644	0,042	2260,6768	0,041	170	2260,6706	0,0032	+0,1141	2260,7847
R O H	25,00	24,85	,3023	0,038	,3053	0,035	170	,3038	0,0028	+0,1141	,4189
1er août. Baromètre à 0° 712^{mm},0.											
R E B	22,70	22,90	2260,6529	0,032	2260,6621	0,031	166	2260,6575	0,0024	+0,1088	2260,7663
R E H	23,00	23,20	,2712	0,029	,2613	0,038	162	,2663	0,0027	+0,1088	,3751
2 août. Baromètre à 0° 711^{mm},8.											
R O H	20,10	19,25	2260,2025	0,024	2260,2119	0,029	170	2260,2072	0,0020	+0,1024	2260,3096
R O B	19,40	19,20	,5895	0,038	,5967	0,033	170	,5931	0,0027	+0,1024	,6955
3 août. Baromètre à 0° 716^{mm},6.											
R E H	18,40	18,60	2260,1652	0,029	2260,1644	0,027	168	2260,1648	0,0022	+0,0971	2260,2619
R E B	18,60	18,80	,6161	0,028	,6076	0,026	170	,6118	0,0021	+0,0971	,7089
4 août. Baromètre à 0° 717^{mm},2.											
R O H	19,60	19,70	2260,1858	0,028	2260,1916	0,029	168	2260,1887	0,0022	+0,0939	2260,2826
R O B	19,70	20,20	,6260	0,029	,6280	0,023	170	,6270	0,0020	+0,0939	,7209

§ 4.

Observations de l'amplitude des oscillations, loi du décroissement et réduction à l'arc infiniment petit.

Le tableau suivant renferme pour chaque jour, et dans chaque mode de suspension, les observations de l'amplitude faites de 6 en 6 minutes, ainsi que la formule calculée d'après la moyenne des 10 jours.

t.	25 juillet.	26 juillet.	27 juillet.	29 juillet.	30 juillet.	31 juillet.	1 août.	2 août.	3 août.	4 août.	Moyenne des 10 jours.	Calcul par la formule.	Écart calcul—obs.
m	′	′	′	′	′	′	′	′	′	′	′	′	′
					Disque plein en haut.								
—21	112	120	106	120,5	118	123	123	122	120	120,5	118,50	118,39	—0,11
—15	98	103,5	92	104	101,5	107	107	106	104	104,5	102,75	103,00	+0,25
— 9	86	91,5	81	92	89,5	93,5	93	92,5	91,5	91	90,15	90,12	—0,03
— 3	76,5	81	71	81,5	79,5	82	82,5	82,5	80	80	79,65	79,38	—0,27
+ 3	68	70,5	63,5	71,5	69,5	73	72	73	71,5	70,5	70,30	70,38	+0,08
+ 9	60	64	57,5	63	61,5	64	65	65	63	63	62,60	62,75	+0,15
+15	55	57	51,5	56	55,5	57	58	59	56,5	56	56,15	56,08	—0,07
+21	49	51,5	46	50	49,5	51	51	52	50	50	50,00	50,00	0
Moy.	74,86	79,04	70,36	79,04	77,25	80,50	80,64	80,71	78,79	78,61	77,98		±0,16

$$\text{Amplitude} = 74',687 - t \,.\, 1',4965 + t^2 \,.\, 0',02156 - t^3 \,.\, 0',0002993.$$

t.	25 juillet.	26 juillet.	27 juillet.	29 juillet.	30 juillet.	31 juillet.	1 août.	2 août.	3 août.	4 août.	Moyenne des 10 jours.	Calcul par la formule.	Écart calcul—obs.
					Disque plein en bas.								
—21	102,5	100	100	100	100	100,5	99	100	93	93	98,80	98,82	+0,02
—15	95	93	93,5	93,5	93,5	94	93	93	87	86,5	92,20	92,16	—0,04
— 9	89	87	87	87	87	88	87	87	80,5	81	86,05	86,00	—0,05
— 3	83	81	81,5	80,5	81	82	80,5	81,5	74,5	76	80,15	80,31	+0,16
+ 3	78	76	76,5	76	76	77	75,5	76	70	71	75,20	75,06	—0,14
+ 9	73	71	71	71	71	71	70,5	71	65,5	66	70,10	70,21	+0,11
+15	69	67	66	66	67	67	66	67	61	62	65,80	65,72	—0,08
+21	64	63	62	61	62,5	62	62	63	57,5	58,5	61,55	61,57	+0,02
Moy.	81,46	79,50	79,50	79,21	79,54	80,04	79,00	79,57	73,39	74,04	78,52		±0,10

$$\text{Amplitude} = 77',630 - t \,.\, 0',8753 + t^2 \,.\, 0',00583 - t^3 \,.\, 0',0000263.$$

125

Ces formules peuvent servir à calculer les valeurs de t pour lesquelles l'amplitude atteint successivement un chiffre décroissant de 5 en 5 minutes, ainsi que l'intervalle de temps employé pour un décroissement de 5′, et le décroissement

$$-\frac{d\,A}{dt}-$$

en secondes pour une seconde sidérale. Les résultats sont donnés dans le tableau suivant, dans les limites de 115′ à 50′ le disque plein étant en haut, et de 95′ à 60′ le disque plein étant en bas.

A	Disque plein en haut.			Disque plein en bas.		
	$t.$	Différence.	$\frac{d\,A}{dt}$	$t.$	Différence.	$\frac{d\,A}{dt}$
′	m	m	″	m	m	″
115	—19,765		—2,700			
110	—17,861	1,904	—2,553			
105	—15,843	2,018	—2,405			
100	—13,697	2,146	—2,2555			
95	—11,403	2,294	—2,105	—17,615		—1,105
90	— 8,938	2,465	—1,9535	—12,951	4,664	—1,0395
85	— 6,274	2,664	—1,8025	— 7,981	4,970	—0,9735
80	— 3,378	2,896	—1,6525	— 2,660	5,321	—0,907
75	— 0,208	3,170	—1,5055	+ 3,067	5,727	—0,840
70	+ 3,280	3,488	—1,365	+ 9,265	6,198	—0,774
65	+ 7,134	3,854	—1,2345	+16,014	6,749	—0,709
60	+11,387	4,253	—1,122	+23,405	7,391	—0,646
55	+16,036	4,649	—1,036			
50	+20,997	4,961	—0,987			

D'après les chiffres de ce tableau, le décroissement de l'amplitude de 95′ à 60′ a exigé 22^m,790 le disque plein étant en haut, et 41^m,020, le disque plein étant en bas, nombres qui sont entre eux dans le rapport de 1 : 1,800; les distances du centre de gravité au couteau le plus rapproché et au couteau le plus éloigné sont dans le rapport de 1 : 1,864. Le décroissement moyen par seconde, entre les mêmes limites d'amplitude, est de — 1″,5896 le disque plein en haut, et de — 0″,8741, le disque plein en bas, nombres qui sont entre eux dans le rapport de 1,819 : 1.

Il ne sera peut-être pas sans intérêt de mettre en regard les valeurs obtenues pour le décroissement, dans les différentes stations, avec la densité de l'air rapportée dans toutes à la même unité, savoir celle qui est déterminée par une pression de 728^{mm},06 et une température de 13°,50.

Afin de permettre la comparaison des chiffres se rapportant aux deux modes de suspension, le décroissement moyen dans les deux modes a été pris entre les mêmes limites de 95′ et 60′.

		Densité de l'air	Décroissement moyen disque plein		Rapport	Rapport $\frac{h'}{h}$
			en haut	en bas		
Righi-Kulm	1867	0,844	— 1,5539	— 0,8780	1,770	1,866
Weissenstein	1868	0,887	— 1,5325	— 0,8466	1,810	1,865
Berne	1869	0,953	— 1,5896	— 0,8741	1,819	1,864
Genève (été)	1871	0,962	— 1,6629	— 0,8933	1,860	1,863
Genève (hiver)	1871	1,044	— 1,7110	— 0,9226	1,855	1,863

L'influence de la densité de l'air sur la rapidité du décroissement est bien évidente d'après ces chiffres; mais elle n'est probablement pas la seule cause de variation, car il est bien difficile de supposer pendant ces 4 ans une constance telle dans l'état des couteaux et du plan de suspension, que le décroissement de l'amplitude dû au frottement soit resté identiquement le même. Dans les observations du Weissenstein en particulier, le décroissement dans les deux modes de suspension est plus faible que le chiffre auquel on pouvait s'attendre d'après celui de la densité, par comparaison avec les observations du Righi-Kulm et de Berne. De même aussi, on trouve une variation assez grande dans le décroissement entre les observations de Berne et celles de Genève faites en été, bien que la densité de l'air soit à peu près la même. Un fait assez curieux qui ressort des chiffres donnés ci-dessus, est l'accroissement graduel du nombre représentant dans les différentes stations le rapport du décroissement dans les deux modes de suspension; en 1871, ce rapport est sensiblement le même que celui de $h' : h$, tandis que pour les premières années il était sensiblement plus faible.

Le calcul de l'amplitude au commencement et à la fin d'une série d'oscillations, de l'amplitude moyenne et de la réduction à l'arc infiniment petit a été effectué de la même manière qu'au Weissenstein, et l'on trouve les valeurs correspondantes dans le paragraphe suivant.

§ 5.

Détermination de la durée d'une oscillation.

Le tableau suivant renferme la durée d'une oscillation déduite de la durée de 3000 oscillations, donnée à la page 123, ainsi que les différentes valeurs de l'amplitude, la réduction à l'arc infiniment petit et la durée en temps sidéral réduite à l'arc infiniment petit.

DATE 1869.	Température.	Durée observée 1 oscillation en temps sidéral.	Amplitude.			Réduction à l'arc infiniment petit.	Durée d'une oscillation en temps sidéral réduite à l'arc infiniment petit.
			Commencement.	Fin.	Moyenne.		
	°	″	′	′	′	−0,″0000	″
Disque plein en haut.							
25 juillet . . .	22,63	0,7585914	110,4	49,0	74,43	233	0,7585681
26 » . . .	21,15	5846	117,6	51,7	78,72	261	5585
27 » . . .	21,43	5759	102,8	46,0	69,85	204	5555
29 » . . .	23,30	5920	117,6	51,7	78,72	261	5659
30 » . . .	24,80	6006	114,3	50,5	76,78	248	5758
31 » . . .	24,80	5949	120,0	52,5	80,13	270	5679
1 août . . .	22,80	5888	120,2	52,6	80,27	272	5616
2 » . . .	19,30	5652	120,2	52,6	80,27	272	5380
3 » . . .	18,70	5696	117,0	51,5	78,39	259	5437
4 » . . .	19,95	5736	116,7	51,4	78,22	257	5479
Disque plein en bas.							
25 juillet . . .	23,27	0,7534487	101,5	64,5	81,35	268	0,7534219
26 » . . .	21,15	4517	98,9	63,0	79,38	255	4262
27 » . . .	21,25	4423	98,9	63,0	79,38	255	4168
29 » . . .	23,00	4539	98,6	62,8	79,12	254	4285
30 » . . .	24,60	4572	98,9	63,0	79,38	255	4317
31 » . . .	24,92	4730	99,6	63,4	79,92	259	4471
1 août . . .	23,10	4584	98,2	62,6	78,86	252	4332
2 » . . .	19,68	4365	98,9	63,0	79,38	255	4110
3 » . . .	18,50	4206	91,1	58,3	73,28	217	3989
4 » . . .	19,65	4275	91,9	58,8	73,95	221	4054

Si l'on réduit à la température moyenne τ de chaque jour les durées observées dans chaque mode de suspension, en faisant usage des coefficients 0s,000006382, 0,000006755 par 1°, on obtient après la conversion en temps moyen les valeurs T et T′ données ci-dessous. La densité de l'air a été toujours rapportée à celle qui est déterminée par une pression de 728m,06 et une température de + 13°,50, prise pour unité.

DATE 1809.	Mode de suspens.	Baromètre.	τ	Densité de l'air.	Disque plein en haut. T.	Disque plein en bas. T'.	T—T' + 0^s,0000008.	T—T' calculé d'après la densité.	Écart. Calc.—obs.
		mm +	o		"	"	+0,000	0,000	
25 juillet	R O	709,2	22,95	0,943	0,7515126	0,7513626	1508	1361	—147
26 »	R E	711,8	21,15	0,952	5010	3690	1328	1367	+ 39
27 »	R E	712,9	21,34	0,953	4974	3603	1379	1368	— 11
29 »	R O	716,0	23,15	0,951	5074	3723	1359	1367	+ 8
30 »	R E	717,4	24,70	0,948	5176	3752	1432	1364	— 68
31 »	R O	715,4	24,86	0,945	5107	3895	1220	1362	+142
1 août	R E	712,0	22,95	0,946	5050	3750	1308	1363	+ 55
2 »	R O	711,8	19,49	0,958	4817	3526	1299	1372	+ 73
3 »	R E	716,6	18,60	0,967	4856	3425	1439	1378	— 61
4 »	R O	717,2	19,80	0,964	4894	3493	1409	1376	— 33
Moyenne				0,953				1368	

Les observations de Berne donnent ainsi en moyenne pour la différence T—T' + 0^s,0000008, de la durée d'une oscillation dans les deux
modes de suspension, 0^s,0001368, correspondant à la densité moyenne
de l'air 0,953. Cette différence tient en partie à des causes indépendantes
de la densité de l'air, telles que les imperfections de l'instrument ou le
frottement, en partie à la poussée qui est proportionnelle à la densité de
l'air, en sorte qu'elle peut être représentée par deux termes de la forme

$$x + yd$$

en désignant par d la densité de l'air.

La comparaison des observations faites à Genève, dans deux saisons
opposées, et au Righi-Kulm avaient donné, dans l'hypothèse que x eût
conservé la même valeur dans les trois séries (voyez Nouvelles expériences, etc., page 82),

$$x = 0^s,0000379 \pm 0^s,0000045$$
$$y = 0^s,0000829 \pm 0^s,0000048$$

valeurs qui représentaient les différences observées à quelques unités de la
septième décimale près. Ces mêmes valeurs représentent également très-
bien la différence observée à Berne, puisqu'elles donneraient 0^s,0001369

17

au lieu de $0^s,0001368$, mais elles donnent un écart assez considérable pour le Weissenstein, savoir $0^s,00013143$ au lieu de $0^s,00013657$. Comme l'on n'a aucune preuve que l'appareil reste assez invariable sous tous les rapports, pour que x soit constant pendant une série d'années, et que la différence dans les valeurs de $T - T'$ d'une station à l'autre provienne seulement des variations dans la densité de l'air, on serait tenté d'attribuer l'écart sur la valeur trouvée au Weissenstein à un changement dans la valeur de x, tandis que sa valeur aurait été la même dans la série antérieure du Righi, et dans les séries postérieures de Berne et de Genève. Néanmoins, tout en admettant la possibilité d'une petite variation sur la valeur de x d'une année à l'autre, et en particulier au Weissenstein en 1868, il ne nous semble pas rationnel d'attribuer à cette cause seule l'écart sur la valeur de $T - T'$ obtenue dans cette station comparée aux autres. En effet, l'incertitude sur la valeur moyenne de $T - T'$, obtenue par les 8 à 10 observations faites dans une station, incertitude provenant des erreurs accidentelles dans la détermination de la durée d'une oscillation, dans les deux modes de suspension, doit certainement dépasser le chiffre de quelques unités seulement sur la septième décimale. Lors même que les valeurs de x et de y données ci-dessus représentent les 4 séries du Righi, Berne, Genève (été et hiver) à $- 3, + 1, + 8, - 5$ unités de la septième décimale près, il est permis de supposer que cet accord entre des limites plus étroites, que ne le comporte l'exactitude dans la détermination de la durée d'une oscillation, résulte en partie d'une compensation accidentelle des erreurs sur ces quatre séries; eu égard au très-petit nombre de données sur lesquelles les valeurs de x et de y ont été calculées, on peut regarder l'erreur moyenne calculée pour chacune d'elles d'après l'accord des observations, et indiquée ci-dessus, comme ne représentant pas leur incertitude réelle. Si l'on voulait attribuer à une variation de x au Weissenstein l'écart sur la valeur de $T - T'$ dans cette station, y ayant la même valeur que dans les autres, il faudrait supposer qu'au Weissenstein x eût augmenté depuis l'année précédente jusqu'à

0^s,0000630, pour reprendre l'année suivante à Berne la valeur 0^s,0000579 qu'il avait au Righi, et à Genève en 1871. Cela paraît très-peu probable, et il me semble préférable, malgré la possibilité d'une petite variation dans la valeur de x d'une année à l'autre, de déterminer x et y par l'ensemble de toutes les séries, en supposant que x et y aient conservé la même valeur pendant tout ce laps de temps. On aura donc, pour effectuer cette détermination, en mettant pour la densité de l'air la valeur correspondante pour chacune d'elles, les équations de condition :

$$
\begin{array}{llll}
1867 & \text{Righi-Kulm} & x + 0{,}844\ y = & 0^s{,}00012795 \\
1868 & \text{Weissenstein} & x + 0{,}887\ y = & 13657 \\
1869 & \text{Berne} & x + 0{,}953\ y = & 13\,68 \\
1871 & \text{Genève (été)} & x + 0{,}962\ y = & 1369 \\
1871 & \text{Genève (hiver)} & x + 1{,}041\ y = & 1447
\end{array}
$$

La résolution de ces équations par la méthode des moindres carrés donne :

$$
x = 0^s{,}0000691 \pm 0^s{,}0000134
$$
$$
y = 0^s{,}0000720 \pm 0^s{,}0000143
$$

La substitution de ces valeurs dans les cinq équations laisse les différences suivantes entre les résultats du calcul et de l'observation pour $T-T'$:

$$
\begin{array}{lr}
\text{Righi-Kulm} & + 0^s{,}0000017 \\
\text{Weissenstein} & - 0^s{,}0000036 \\
\text{Berne} & + 0^s{,}0000009 \\
\text{Genève (été)} & + 0^s{,}0000015 \\
\text{Genève (hiver)} & - 0^s{,}0000006
\end{array}
$$

Le chiffre de l'écart moyen pour ces cinq stations, calculé par la moyenne arithmétique prise abstraction faite du signe, est de $\pm$ 0^s,00000165 ; sauf pour le Weissenstein, l'écart ne dépasse guère celui que l'on doit s'attendre à trouver pour $T-T'$, en raison des erreurs accidentelles dans la détermination de la durée d'une oscillation.

Par la comparaison des valeurs de x, calculées d'après les cinq séries, ou seulement d'après celles du Righi-Kulm et de Genève, on voit que, si l'on faisait osciller le pendule dans le vide, l'on aurait $T-T' = 0^s,0000691$ dans le premier cas, et seulement $0^s,0000579$ dans le second. De même, l'augmentation de la valeur de $T-T'$ pour une densité de l'air, croissant de 0 à celle qui est déterminée par une pression de $728^{mm},06$ et une température de $+13°,50$, est de $0^s,0000720$ dans le premier cas, et de $0^s,0000829$ dans le second. La différence entre ces valeurs, suivant qu'elles sont calculées d'après différentes séries d'observations, montre donc une assez grande incertitude qui ne doit pas surprendre, eu égard au petit nombre de ces séries et à la circonstance qu'elles ont été faites dans des conditions de densité de l'air assez peu différentes, celle-ci n'ayant varié que dans les limites de 0,84 à 1,04, soit de $4:5$ environ ; il faut en outre avoir égard à la possibilité d'une petite variation de x d'une année à l'autre. Toutefois, cette incertitude n'a qu'une influence tout à fait insensible, si l'on calcule les variations de la valeur $T-T'$, produites par les changements qui ont eu lieu d'un jour à l'autre dans la densité de l'air, dans la même station, parce que ces changements sont très-peu considérables. Ainsi à Berne, la densité de l'air n'a varié de part et d'autre de 0,953, chiffre de la moyenne, que dans les limites de $-0,010$, le 25 juillet, à $+0,014$ le 3 août ; la correction à apporter à la valeur moyenne de $T-T'$, savoir $0^s,0001368$, pour tenir compte des changements dans la densité de l'air, serait par conséquent pour ces deux cas extrêmes $-0^s,0000007$ et $+0^s,0000010$, si l'on prend la valeur de y calculée d'après les cinq séries, tandis qu'elle serait de $-0^s,0000008$ et de $+0^s,0000012$, si la valeur de y était calculée seulement d'après les trois séries du Righi-Kulm et Genève (hiver et été). La différence est complétement insensible ; on peut donc, en partant de la valeur moyenne de $T-T'$, obtenue dans une station et renfermant déjà la petite variation de x, qui a pu éventuellement se présenter dans cette station, calculer avec une précision très-suffisante la valeur de $T-T'$ correspondant à la densité de l'air pour un jour quelconque, que l'on prenne l'une ou l'autre des valeurs. J'ai préféré adopter celle qui avait été déduite de l'ensemble des cinq séries; en appliquant ainsi à la valeur moyenne de $T-T' + 0^s,0000008$ trouvée à Berne, savoir $0^s,0001368$, et correspondant à la densité moyenne $0,953$, une correction égale à $(d-D) (0,0000720)$, on a formé les valeurs de $T-T'$, indiquées à l'avant-dernière colonne du tableau de la page 129. L'écart moyen entre une valeur calculée et une valeur observée de $T-T'$, calculé par la moyenne arithmétique des écarts, abstraction faite du signe, est de $\pm 0^s,00000637$, ce qui correspondrait à un écart moyen de $\pm 0^s,0000045$ sur T ou sur T'.

§ 6.

Détermination de la pesanteur à Berne.

Les durées T et T' d'une oscillation, dans chaque mode de suspension, données à la page 129 pour chaque jour, correspondent à une longueur du pendule :

$$A = \lambda \left\{ 1 + C\,(\tau - 16°,25) \right\} \left\{ 1 + \frac{\gamma}{h} \right\} \text{, le disque plein en haut}$$

$$B = \lambda' \left\{ 1 + C\,(\tau - 16°,25) \right\} \left\{ 1 + \frac{\gamma}{h'} \right\} \text{, le disque plein en bas.}$$

Avec la valeur du coefficient de dilatation de la tige du pendule $C = 0,000018973$, donnée par les observations de Genève, et avec les valeurs de λ, λ', IG, h et h', trouvées pour Berne dans les paragraphes précédents, on peut calculer pour chaque jour la correction $\lambda\, C\,(\tau - 16°,25)$ qu'il faut appliquer, en raison de la température τ, à l'intervalle λ ou λ' entre les couteaux correspondant à la température de $16°,25$, ainsi que la correction

$$\frac{\lambda\,\gamma}{h} \quad , \quad \frac{\lambda\,\gamma}{h'} ,$$

134

dans chaque mode de suspension. Dans l'expression de

$$\gamma = \frac{T - T'}{T} \cdot \frac{hh'}{IG}$$

on a pris la valeur de $T - T'$, calculée pour chaque jour en ayant égard à la densité de l'air. On obtient ainsi pour chaque jour les valeurs suivantes de ces différentes corrections, ainsi que celles de A et de B, de

$$\frac{A}{T^2} \quad \text{et do} \quad \frac{B}{T'^2}$$

enfin de la moyenne L de

$$\frac{A}{T^2} \quad \text{et de} \quad \frac{B}{T'^2},$$

c'est-à-dire de la valeur trouvée, chaque jour, pour la longueur du pendule simple faisant dans le vide une oscillation dans une seconde de temps moyen.

DATE 1869.	Mode de suspens.	$\lambda C(\tau-16°,25)$	$\dfrac{\lambda\ \gamma}{h}$	$\dfrac{\lambda\ \gamma}{h'}$	Disque plein en haut A	en bas B	$\dfrac{A}{T^2}$	$\dfrac{B}{T'^2}$	L
		1	1	1	1	1	1	1	1
25 juillet	R O	$-0,03159$	$+0,19423$	$+0,10420$	248,70970	248,62020	440,3724	440,3898	440,3811
26 »	R E	$+0,02310$	$+0,19509$	$+0,10465$	,70207	,61216	,3725	,3691	,3708
27 »	R E	$-0,02400$	$+0,19523$	$+0,10473$	,70311	,61314	,3786	,3799	,37925
29 »	R O	$+0,03253$	$+0,19509$	$+0,10465$	,71150	,62159	,3816	,3809	,38125
30 »	R E	$+0,03984$	$+0,19466$	$+0,10442$	,71838	,62867	,3821	,3901	,3861
31 »	R O	$+0,04059$	$+0,19437$	$+0,10427$	,71884	,62927	,3909	,3743	,3826
1 août	R E	$+0,03159$	$+0,19452$	$+0,10435$	,70999	,62035	,3818	,3756	,3787
2 »	R O	$-0,01327$	$+0,19580$	$-0,10504$	,69495	,60472	,3826	,3741	,37835
3 »	R E	$+0,01108$	$+0,19666$	$+0,10550$	,69162	,60099	,3719	,3793	,3756
4 »	R O	$+0,01674$	$+0,19637$	$-0,10534$	,69699	,60649	,3772	,3812	,3792
Moyenne							440,3792	440,3794	440,3793

L'erreur moyenne sur la valeur de L, donnée par un jour d'observation isolé, calculée par la somme des carrés des écarts, est $\pm$ 0^l,0041, et par suite l'erreur moyenne de la moyenne est de $\pm$0^l,0013, et son erreur probable $\pm$0^l,0009. La transformation en mesure métrique donne pour la longueur du pendule simple à Berne

$0^m,99342045$, erreur moy^{ne} $\pm 0^m,00000292$, erreur probable $\pm 0^m,00000197$

et par suite pour la pesanteur

$9^m,8046675$, erreur moyenne $\pm 0^m,0000289$, erreur probable $\pm 0^m,0000195$

A cette valeur doit être appliquée, comme dans les autres stations où la détermination a été faite avec le même appareil, une correction $\pm$ $0^m,0000394$ Δ, si $\pm$ Δ représente, en millièmes de ligne, la correction qu'il faut appliquer à l'échelle du pendule, du trait 0^l à la moyenne des traits $248^l,4$ et $248^l,5$.

Si l'on compare la pesanteur déterminée à Berne avec celle trouvée pour Genève, savoir

$$9^m,804246, \text{ erreur probable } \pm 0^m,000014$$

on a la relation

$$g \text{ (Berne)} = g \text{ (Genève)} \{1 + 0,0000430 \pm 0,0000024\}$$

Pour réduire la pesanteur observée à Genève à ce qu'elle deviendrait à une latitude de $45'$ $10''$ plus boréale, et à une altitude plus grande de $166^m,8$, c'est-à-dire dans les conditions de latitude et d'altitude dans lesquelles le pendule a été observé à Berne, il faudrait la multiplier par les facteurs suivants, qui tiennent compte seulement de la différence de latitude et d'altitude; le troisième facteur, qui est très-petit, représentant la diminution de la pesanteur due à l'augmentation de la force centrifuge. La pesanteur g à Genève deviendrait

$$g\,(1+0{,}00006888)\,(1-0{,}00005240)\,(1-0{,}00000004) = g\,(1+0{,}00001644)$$

La comparaison de cette expression avec celle résultant de la détermination de la pesanteur faite à Berne donne

$$g\,(0{,}00002656 \pm 0{,}00000240)$$

pour l'attraction du relief du terrain à Berne, pour la couche de $166^{m}{,}8$ d'épaisseur donnée par la différence d'altitude. En d'autres termes, la différence d'altitude entre Berne et Genève produit sur la différence entre la pesanteur observée dans ces deux stations une quantité qui est sensiblement la moitié de celle que l'on obtiendrait, en faisant abstraction de l'attraction exercée par la couche de terrain comprise entre les deux niveaux.

CHAPITRE X

Récapitulation des données relatives à l'observatoire de Berne.

Si l'on résume toutes les données relatives à l'Observatoire de Berne, on aura :

A) Centre de l'instrument méridien

Latitude	$46°\ 57'\ 8,\!66''$
erreur moyenne	$\pm\ 0,\!13$
erreur probable	$\pm\ 0,\!09$
Longitude Est de Neuchâtel	$1^m\ 55,\!806^s$
erreur moyenne	$\pm\ 0,\!012$
erreur probable	$\pm\ 0,\!008$
Azimut de la tige du paratonnerre de l'hôtel du Gurten	$0°\ 0'\ 37,\!59''$
erreur moyenne	$\pm\ 0,\!23$
erreur probable	$\pm\ 0,\!16$

B) Pour le pilier du pendule, situé à $7^m,\!70$ au Nord et à $6^m,\!30$ à l'Est du centre de l'instrument méridien, le centre de figure du pendule étant à la cote $+198^m,\!44$ rapportée au repère de la pierre du Niton :

pesanteur	$9,\!8046675^m$
erreur moyenne	$\pm\ 0,\!0000289$
erreur probable	$\pm\ 0,\!0000195$

TABLE DES MATIÈRES

III. STATION DE L'OBSERVATOIRE DE BERNE

ERRATA

Page 5, ligne 7, *lisez* 13^m *au lieu* de 13^{mm}.

Page 64, ligne 10, *lisez* Neuchâtel *au lieu* de Neuchâtel.

H. GEORG, LIBRAIRE-ÉDITEUR, GENÈVE, BALE, LYON

Publications de la Commission géodésique suisse.

Détermination télégraphique de la différence de longitude entre les observatoires de Genève et de Neuchâtel, par E. Plantamour et A. Hirsch. 1864, in-4 avec 4 planches . . . . Fr. 7 50

Expériences faites à Genève avec le pendule à réversion, par E. Plantamour. 1866, in-4 avec 3 planches . . . . . Fr. 7 50

(Ces deux mémoires ont paru dans les *Mémoires de la Société de Physique et d'Histoire naturelle de Genève.*)

Nouvelles expériences faites avec le pendule à réversion, et détermination de la pesanteur à Genève et au Righi-Kulm, par E. Plantamour. 1872, in-4. . . . . Fr. 7 50

Nivellement de précision de la Suisse, exécuté sous la direction de A. Hirsch et E. Plantamour. Livraisons I, II, III et IV. — 1867-1873, in-4. Prix de chaque livraison:

Pour la Suisse Fr. 2 50

Pour l'étranger Fr. 4 —

Détermination télégraphique de la différence de longitude entre la station astronomique du Righi-Kulm et les observatoires de Zurich et de Neuchâtel, par E. Plantamour, R. Wolf et A. Hirsch. 1871, in-4 avec 3 planches . . . . . Fr. 8 —

Détermination télégraphique de la différence de longitude entre des stations suisses : 1. Entre les stations astronomiques du Weissenstein et l'observatoire de Neuchâtel en 1868. — 2. Entre l'Observatoire de Berne et celui de Neuchâtel en 1869, par E. Plantamour et A. Hirsch. 1872, in-4 avec 1 planche . . . Fr. 8 —

GENÈVE. — Imprimerie Ramboz et Schuchardt.